KB036897

賴爸爸的數學實驗：12堂生活數感課 by 賴以威
Copyright © 2021 Yuan-Liou Publishing Co., Ltd.
All rights reserved.
The Korean Language translation © 2022 DAVINCIHOUSE Co.,LTD.
The Korean translation rights arranged with Yuan-Liou Publishing Co., Ltd. through EntersKorea Co., Ltd., Korea.
圖片來源/漫畫：張睿洋
實驗步驟圖：大福草莓
照片及其他圖片：p17、pP18~19、p33、p70、p90、p99、p106、p116、p121、p127、p128 © Shutterstock；
p23, p33 © Wikimedia Commons；p110 © EHT Collaboration; p112 © Freepik

이 책의 한국어판 저작권은 ㈜엔터스코리아를 통한 대만 Yuan-Liou Publishing Co., Ltd.와의 계약으로
(주)다빈치하우스가 소유합니다.
저작권법에 의하여 한국 내에서 보호를 받는 저작물이므로 무단전재와 무단복제를 금합니다.

수학, 풀지 말고
실험해 봐 2

수학, 풀지 말고 실험해 봐 2

펴낸날 2022년 10월 20일 1판 1쇄

지은이_라이이웨이
그림_타오즈 · 다푸차오메이
옮긴이_김지혜
펴낸이_김영선
책임교정_이교숙
교정·교열_나지원, 정아영, 이라야
경영지원_최은정
디자인_바이텍스트
마케팅_신용천

펴낸곳 (주)다빈치하우스-미디어숲
주소 경기도 고양시 일산서구 고양대로632번길 60, 207호
전화 (02) 323-7234
팩스 (02) 323-0253
홈페이지 www.mfbook.co.kr
이메일 dhhard@naver.com (원고투고)
출판등록번호 제 2-2767호

값 16,800원
ISBN 979-11-5874-166-2 (44410)

• 이 책은 (주)다빈치하우스와 저작권자와의 계약에 따라 발행한 것이므로 본사의 허락 없이는 어떠한 형태나 수단으로도 이 책의 내용을 사용하지 못합니다.
• 미디어숲은 (주)다빈치하우스의 출판브랜드입니다.
• 잘못된 책은 바꾸어 드립니다.

12가지 생활 속 수학 감각 키우기

수학, 풀지 말고 실험해 봐 2

라이이웨이(賴以威) 지음 | 타오즈·다푸차오메이 그림

미디어숲

추천사

생활 주위에서 흔히 볼 수 있는 것들, 우리가 당연시하거나 대수롭지 않게 여겼던 것들 이면에는 수학이나 과학의 원리가 숨어 있다.

책 속의 12가지 주제는 생활에서 흔히 볼 수 있는 현상을 시작으로, 실험을 통해 지식을 구체화함과 동시에 능동적으로 수학 개념을 배우고, 수학 지식의 핵심을 되짚어보며 수학은 쓸모없는 것이 아니라는 것을 알려준다. 모든 수업은 흥미진진하다.

- 뢰정홍, 국립정대 부중교사

무엇이든 구체적인 경험은 본질을 이해하는 데에 더 효과적이다. 수학 공부도 이 규칙을 벗어나지 않는다. 재미있고 생각을 자극할 수 있는 실험은 오늘날 수학교육에서 발굴해야 할 절실한 작업이다. 이 책은 실제 실험 등의 과정을 통해 즐거운 수학 공부를 하기에 최상의 책이다.

- 리궈웨이, 중앙연구원 수학연구소 겸임 연구원

수학은 예술이자 언어이다. 12가지 주제의 흥미로운 수학수업이 친근하게 느껴진다. 수학의 재미, 실험, 생활화를 도울 뿐만 아니라 아이가 읽고, 생각하게 하고, 수학의 아름다움을 느끼게끔 하는 책이다.

- 린이쩐, '초등학생 연간 학습 실행력' 저자, 창화현 원두국 초등학교 교사

12가지 주제의 흥미로운 수학수업으로 진행된다. 수학이 추상적인 학문이 아니라는 것을 일상생활 속의 수학 문제를 통해 보여준다. 이 책은 실험을 통해 알기 쉽게 수학 지식을 습득할 수 있고 수학의 재미를 느낄 수 있다.

- 이에삥칭, PaGamO 설립자, 타이완대학교 전기학과 교수

눈으로 본 것도, 귀로 들은 것도 사실은 확실하지 않다. 파인애플의 덧셈, 바가지 던지기의 확률, 동전 애벌레 진화 게임 등 생활의 모든 수수께끼를 푸는 열쇠는 '수학'이다. 저자는 수학에 쉽게 접근할 수 있도록 돕는다. 또한 자유자재로 할 수 있는 실험에 증명을 덧붙여 모든 물음표를 느낌표로 바꾼다. 이 책은 초중학생, 학부모, 선생

님들이 함께 읽기 좋은 책이다. 모두에게 이 책을 적극 추천한다.

- 이에이위, 창화현 톈중고등부 교사

수학은 수형數形을 연구하는 학문이다. 학교의 수학 수업은 지식 습득과 논리적 추리 위주로 이뤄지므로 수학에 대한 기본적인 지식이 약하다면 수학을 공부할 때 어려움을 겪을 수 있다. 이 책은 일상에서 접하는 상황을 수학 실험을 통한 입증으로 쉽게 읽히면서도 깊은 수학 지식을 담고 있다.

- 장쩐화, 108수학과 모집인, 타이완대학교 수학과 명예교수

모든 문제는 간단한 실험으로 관찰하고 이해할 수 있다. 이를 통해 수학이 현실과 진리를 사실과 연결할 수 있다는 것과 수학의 매력을 느낄 수 있다. 저자는 수학적 사고의 과정을 지(知·간단해 보이는 삶의 문제), 행(行·실험에서 문제를 해결하는 접점), 식(識·문제해결 후 추상화된 사유의 발전 과정을 지혜롭게 결합)의 발전으로 삼아 학생들이 차근히 수를 변화시킬 수 있도록 한다. 학문적 소양은 문제에 대한 사유의식에 영향을 주고, 그다음에는 자기도 모르게 문제에 대한 사고와 해법 사이에서 수학을 공부할 수 있게 한다.

- 천광훙, 타이중 일중 교사

수학을 좋아하지 않는 학생이 많다. 단지 시험을 칠 때만 필요하다고 여긴다. 하지만 이 책은 수학의 원리를 알기 쉬운 방식으로 설

명한다. '평소 일상생활에서 접할 수 있는 재료로 수학을 생각한다'는 것을 기반으로 수학은 문제를 해결하는 강력한 도구라는 것을 실감하게 한다. 독자가 수학을 얼마나 좋아하든 그것과 별개로 이 책은 매우 가치가 있다.

- 리엔숭쉰, 국립평산고등학교 교사

와! 이 책을 통해 새롭게 알게된 수학은 머리에만 의지해서 생각하는 것이 아니라는 것이다. 이 책으로 생활 속에 숨어있는 수학적 소양을 체득할 수 있다.

-수리민, 타이베이 북일 여중 교사

이 책은 초콜릿 색깔의 통계학, 황금 비율의 아름다움, 동전 애벌레 진화 게임 등 호기심이 생기는 것들에 대한 궁금증을 풀 수 있다. 수학의 응용과 아름다움을 함께 알고 싶다면 지금 당장 책을 들고 함께 놀아보자!

- 리쩡시헨, 예술과 수학 FB 동아리 설립자, 신베이시 린커우궈 중학교 교사

프롤로그

돌아가면서도 더 빨리, 더 신나게 갈 수 있는 길을 걸어라!

수학은 순수한 정신노동이다. 과학처럼 실험실이 필요한 게 아니다. 수학자는 커피 한 잔에 편안한 의자 하나만 있어도 충분하다. 책상에 놓인 펜 하나로 수학의 세계를 마음껏 탐색하며 순수 이성, 논리의 아름다움을 만끽할 수 있다. 그러나 이것이 수학 공부가 종이와 펜만 사용한다는 것을 의미하는 것은 아니다.

풍부한 감각과 스릴 있는 경험일수록 더욱 인상적이고 흥미진진하다. 공부도 마찬가지다. 어떤 사물의 특징을 알고 싶다면 문자로 표현된 정리가 어떤 단서를 제공할 수 있지만, 사람마다 받아들이는 내용에는 차이가 있을 수 있다. 손으로 직접 만들어 보면 오히려 더 느낌이 있고 이해하기 쉽다.

예를 들면, 파인애플 표면의 껍데기 무늬는 나선형으로 배열되어 있다. 나선 위의 다이아몬드 무늬 모양의 수는 피보나치 수열에 해당한다. 시계방향 또는 시계 반대 방향에 관계없이 모두 8개, 13개 또는 21개로 되어 있는데 이것은 우연의 일치가 아니라 대자연의 숨은 법칙이다.

이 법칙은 수학적으로 묘사된다. 나는 과학 서적에서 이 내용을 처음 접했었다. 그러곤 어느 날 밤 과일가게에서 파인애플 열두 개를 직접 세어보고, 하나하나가 피보나치 수열에 들어맞는다는 것을 눈으로 확인한 적이 있다. 분명히 책에서 확인한 내용이지만 오히려 실제 세어 보고 알아가는 과정에서 마음이 동요하고 흥분되었던 그 순간의 기억이 생생하다.

재미가 있어야 효율도 있으니 공부를 잘하는 하나의 포인트는 바로 '재미'에 있다고 말하고 싶다. 나의 학창시절을 돌이켜 보면 공부는 잘했지만 학교는 어쩔 수 없이 다니는 그런 곳이었다. 나는 학교 시험이 끝나면 스스로를 위로하기 위해 종종 소설책을 읽었다. 소설과 교과서의 본질적인 차이라면 전자는 오락, 후자는 지식공부를 위한 것이다.

나는 가끔 교과서가 비타민처럼 제때 복용하면 영양분을 충분히 섭취할 수 있다고 생각한다. 하지만 우리는 가끔씩 비타민 먹는 것을 잊기도 하고 맛이 없다고 생각한다. 그런데 야채시장에서 먹고 싶은 재료를 고르고, 집에 돌아와 조리법을 찾아보면서 맛있는 음식을 만들어 먹으면 시간은 많이 걸리더라도 그 과정이 재미있고 맛도 있어 비타민 영양제보다 훨씬 이롭다. 이처럼 흥미를 가지면 실제로 비타민을 삼키는 것보다 더 좋은 효과를 얻을 수 있다.

어린 시절 수학에 대한 흥미는 스스로 해 보는 것에서 비롯된다는 연구 결과도 있다. 이것이 바로 진정한 고효율의 학습 방법이 아닐까? 많은 학생들이 수학 학습 과정에서 수학에 대한 흥미를 잃는 편이다. 수학을 배우는 것은 매우 지루한 것으로 책상에 앉아 있어도 수업 내용과 눈앞에 놓인 문제집에 집중하는 것이 그리 쉬운 일이 아니다.

이 책은 수학 공부를 어려워하거나 흥미를 잃은 학생들이 재미있는 실험을 통해 수학에 대한 태도가 긍정적이게 되길 바라는 것과, 학습의 즐거움이 그들의 호기심과 동기를 자극할 수 있기를 바라는 마음으로 쓰였다.

생활 주변에서 실제로 접할 수 있는 수학적 지식을 다양한 감각으로 체험해 볼 수 있는 수학 실험들을 이 책에 실었다. 시간이 좀 걸리더라도 수학의 본질을 통해 흥미를 돋우고, 학교 수학에 대한 기대와 적극적인 참여를 유도할 수 있을 것이다.

나는 이 책의 모든 실험이 아이들과 함께 걷는 길을 좀 더 아름답게 하며 재미있는 풍경을 볼 수 있는 가이드가 될 수 있기를 기대한다. 결국에는 더 빨리 결승점에 도착할 수 있을 것이라 믿는다!

수학 실험실 설립자 라이이웨이

왜 수는 아름다운가?

이것은 왜 베토벤 9번 교향곡이 아름다운지 묻는 것과 같다.

당신이 이유를 알 수 없다면, 남들도 말해 줄 수 없다.

나는 그저 수가 아름답다는 것을 안다.

그게 아름답지 않다면, 아름다운 것은 세상에 없다.

- 폴 에르되시 -

차례

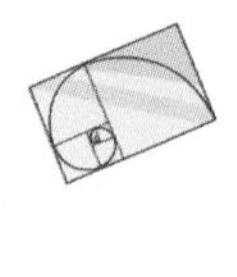

3.14

Go!

01

파인애플이 덧셈을 한다고?

자연계는 기묘하고 아름답다.
한마디로 표현하기 힘든 자연계에 숨은 법칙은 무엇일까?
의외로 멋지게 수열로 설명할 수 있다!

따르릉~
따르릉~~
뭐라고? 도난당한 명화를 찾았는데 두 점이라고? 이런, 진품 감별이 필요하군.
Go!
우리가 사건을 해결해야 해!
흐음... 음...
음..으음..나무가 좀 달라 보이기도 하고 말이지.
뭐야? 먹어도 되는 건가?
이게 어려운 거야? 야~옹~

수학 선생님이 흔히 받는 질문 중의 하나가 "수학은 도대체 어디에 다 써먹나요?"라는 말이다. 이 질문에 대한 모범 답안은 다음과 같다.

"수학은 우리가 사물 뒤에 숨은 패턴을 발굴하도록 한다!"

패턴은 영어로 'Pattern'으로 '무늬'라는 뜻도 있다. 우리 엄마의 치맛자락에도 패턴이 가득하다. 위에서부터 내려오면서 반복되는 단순한 패턴, 네모난 상자, 꽃, 하트 등 치마에 새겨진 무늬는 멀리서 보면 화려하고 복잡하지만, 가까이서 보면 같은 패턴을 가진다.

치마의 무늬는 우리에게 패턴이 무엇인지 구체적으로 알려주는데, 그 무늬는 일정한 규칙으로 반복되는 스타일이다.

대자연의 많은 사물은 모두 패턴을 가지고 있다. 예를 들면 벌집은 모두 정육각형의 구조로 이루어져 있다. 파인애플의 표면은 비늘처럼 생긴 문양이 널리 퍼져 있는데 각각의 비늘모양은 모두 하나의 과목(果木)으로, 이 과목들은 줄줄이 나선을 형성하는데 나선의 수는 8, 13, 21이라는 숫자를 따른다. 다시 말해, 파인애플의 과목 배열은 실제로 하나의 수학 문제이다.

▶ 파인애플 하나는 수많은 작은 과목들이 모여 만들어진다. 이 작은 과목들은 한 송이의 작은 꽃을 피우기 위해 계속해서 팽창, 발육이 이루어지고 생장이 끝나면 우리에게 익숙한 파인애플이 된다.

자연에서 흔히 볼 수 있는 이런 성장 패턴을 발견한 사람은 수학자 레오나르도 피보나치Leonardo Fibonacci다. 그는 패턴이 나타내는 수학적 규칙을 찾아냈는데 이것이 바로 '피보나치 수열'이다. 수열은 일련의 숫자배열을 말하는 것으로 수들 간의 관계와 법칙을 보여준다.

피보나치 수열의 법칙은 매우 간단하다.
앞의 두 숫자는 1이고,
이후 각각의 숫자는 앞의 두 숫자를 합한 것이다.

이 두 가지 규칙만 알면 여러분은 피보나치 수열을 쓸 수 있다.

1, 1, 2, 3, 5, 8, 13, 21, 34, 55, 89, 144, 233, …

당시 피보나치는 토끼의 번식을 예로 들어, 절묘하게 이 수열과 성장 간의 관계를 모두 음미하도록 하였다.

피보나치의 토끼

갓 태어난 토끼 한 쌍이 있다고 하자. 생후 일정한 시간이 지나면 큰 토끼가 되어 번식을 시작한다. 이후 일정 시간 간격으로 토끼 한 쌍을 낳는다. 갓 태어난 토끼는 같은 규칙에 따라 자라고 번식한다. 그렇다면 토끼의 수는 어떻게 변할까?

매 단계에서 큰 토끼는 큰 토끼와 같은 수의 작은 토끼를 낳는다. 갓 태어난 토끼는 큰 토끼로 성장하고 그다음 단계부터는 작은 토끼를 낳는다. 그림에서 표시된 토끼의 수가 바로 피보나치 수열에 나타나는 숫자이다.

파인애플 이야기로 돌아가면 과목 또한 같은 성장 패턴을 보인다.

어떤가? 상상하기가 쉽지 않은가? 다음 페이지에서 함께 실험해 보자.

8

전 단계에서 태어난 토끼도 자라서 세 쌍의 토끼는 세 쌍의 작은 토끼를 낳는다. 모두 5+3=8쌍의 토끼가 된다. 이와 같은 과정이 반복하여 나타난다.

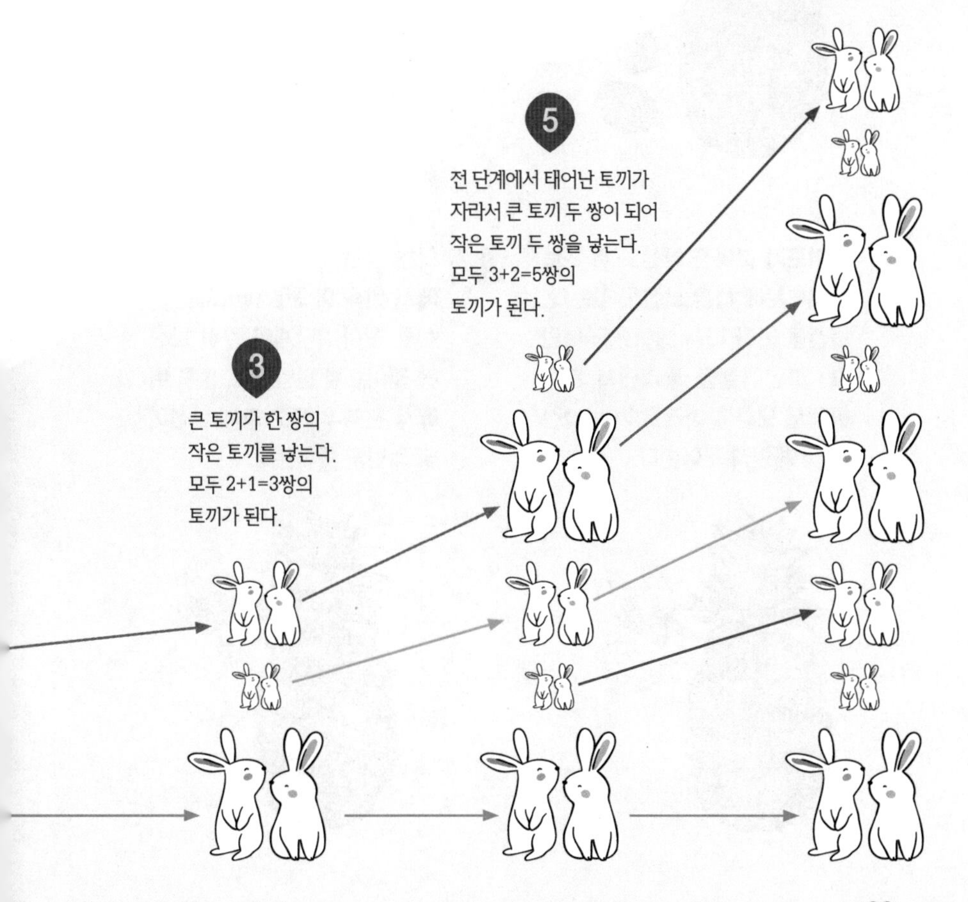

수학 실험

1.

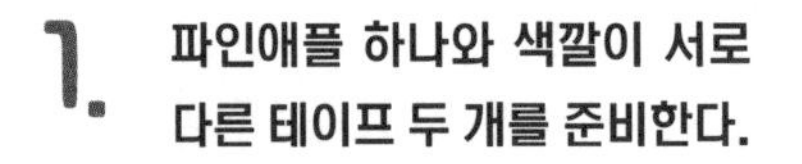

파인애플 하나와 색깔이 서로 다른 테이프 두 개를 준비한다.

2.

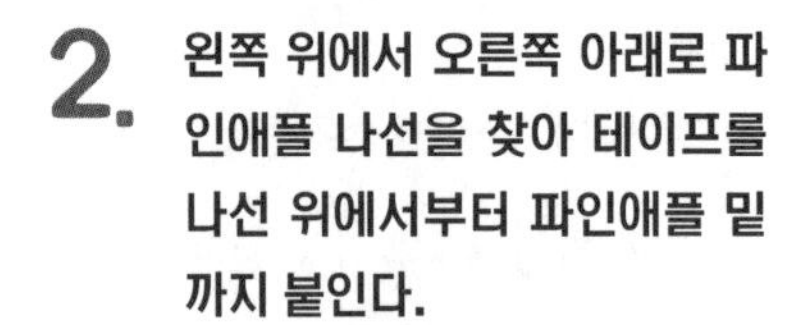

왼쪽 위에서 오른쪽 아래로 파인애플 나선을 찾아 테이프를 나선 위에서부터 파인애플 밑까지 붙인다.

3. 테이프가 붙여진 나선의 위 또는 아랫부분에 다른 나선을 찾는다. 나선을 따라 다시 테이프를 붙인다. 파인애플을 돌리면서 왼쪽 위에서 오른쪽 아래로 가는 나선이 몇 개인지 세어본다.

4. 다른 색의 테이프로 오른쪽 위에서 왼쪽 아래로 이어지는 나선을 찾아 3단계와 같이 나선에 테이프를 붙인다. 오른쪽 위에서 왼쪽 아래로 가는 나선이 몇 개인지 세어본다.

파인애플과 토끼의 예만 있을까?

실험으로 여러분은 파인애플의 나선 수를 8, 13으로 확인했을 것이다. 만약 파인애플의 과목이 좀 더 가지런히 배열되었다면, 더 가파른 나선으로 21이라는 수를 세어 볼 수도 있다.

이 세 수는 피보나치 수열(1, 1, 2, 3, 5, 8, 13, 21, 34, …)에서 여섯 번째, 일곱 번째, 여덟 번째 수이다. 아무리 생각해도 파인애플이 어떻게 덧셈을 하는지 여전히 알 수 없는 사람도 있을 것이다. 사실 파인애플은 수학을 모른다.

이것은 우연의 일치가 아니라 생물이 성장할 때 자연법칙에 따르는 현상이다. 생물은 일정 기간 성장해야 하고 성장하면 다음 세대를 탄생시킨다. 여기서 다음 세대는 개체 수의 증가가 아닌 꽃잎이나 나뭇가지가 성장하는 순서일 수 있다.

수학은 단지 이런 법칙을 묘사할 뿐이며 비단 파인애플 또는 토끼뿐만 아니라 자연에는 온통 '피보나치 수열'로 가득 차 있다.

어렸을 때 미술 시간에 나무를 그리라고 하면, 나는 항상 먼저 줄기를 하나 그리고 좌우로 가지를 쳐서 두 개의 줄기를 만든 후, 다시 줄기를 위로 올린 후 다른 두 개의 작은 가지를 그려나갔다.

이때, 나뭇가지 수는 1, 2, 4, 8, 16, … 이 되었다. 하지만 나는 나무 그림을 그릴 때마다 마음에 들지 않았고, 항상 내가 그린 나무는 아무리 봐도 가짜처럼 보였다.

그 당시 내가 내린 결론은 미술에 소질이 없다는 것을 인정하는 것이었는데 나중에 알고 보니 또 다른 이유가 있었다. 그것은 당시 내가 관찰하지 못했던 나무의 생장 패턴이 사실은 피보나치 수열을 따른 것으로, 내가 인위적으로 그린 나무와는 차이가 있었던 것이다.

'수학은 우리가 사물 뒤에 숨은 패턴을 발굴하도록 한다.'의 의미를 이해하겠는가? 많은 사람들이 수학을 싫어하는데, 그 이유가 수학이 너무 추상적이어서 일상생활에서 그 연관성을 찾기가 힘들기 때문이라고 생각한다. 하지만 반대로 다음과 같이 생각해 볼 수 있다.

수학은 추상적이기 때문에

서로 다른 것을 뛰어넘을 수 있다.

여러 가지 사물 뒤에 공통적으로 존재하는 패턴을 묘사한다.

수학은 생활과 직접적인 관련이 없어 보이지만 자세히 보면 생활 곳곳에 수학이 널려 있는 것을 발견할 수 있을 것이다!

뻗어나가기

피보나치가 궁금해!

피보나치는 850여 년 전 이탈리아에서 태어났다. 그는 상인이었던 아버지의 영향으로 항상 뭔가를 계산하는 아버지의 일을 도우면서 일찍이 수학에 대한 흥미를 일깨웠다. 당시 유럽에서 사용된 숫자는 지금과 달랐다. 피보나치는 지중해 일대에서 사업을 하던 아버지로 인해 동양의 산술 즉, 아라비아 숫자-10진법의 기수법으로 계산-를 접할 기회가 있었는데 당시 유럽에서 사용되던 로마숫자의 산술보다 훨씬 편리하다는 사실을 알게 되었다.

이후 그는 저서 『산반서』에서 아라비아 수의 체계를 소개했는데 유럽에 널리 퍼지면서 지대한 영향을 끼쳤다.

또한 이 책에서 피보나치 수열도 소개했다.

≪산반서≫의 피보나치 수열

그런데 사실 이 수열을 최초로 발견한 사람은 피보나치가 아니었다. 6세기에 인도 수학자가 이미 발견하였지만, 피보나치에 의해 유럽에 이 수열이 알려지게 된 것이다.

더 생각해 보기

1. 피보나치 수열은 많은 재미있는 성질을 가지고 있다. 예를 들어, 수열의 모든 숫자를 그 앞의 숫자로 나누어 계산해 보자.

   1÷1, 2÷1, 3÷2, 5÷3, 8÷5, 13÷8, … 뒤로 갈수록 결과값이 1.1618에 가까워진다는 것을 발견할 수 있다. 이 결과는 바로 '아름다움'과 관련 있는 황금 비율이다. 여러분도 계산해 보고 이 값을 확인해 보자.

2. 또 어디에서 피보나치 수열을 관찰할 수 있을까?

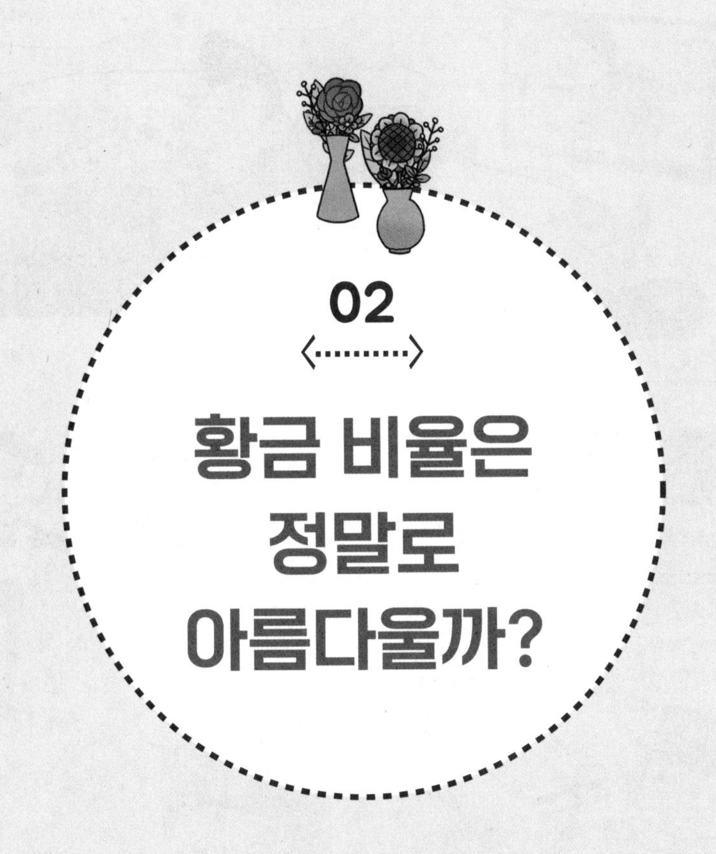

02

황금 비율은 정말로 아름다울까?

'아름다운' 사람, 일, 사물들에는
수학 공식처럼 명확한 기준이 있을까?
아니면 사람마다 제각각의 다른 관점으로 보는 걸까?

시청자 여러분, 이 황금 줄자만 있으면
어디에 황금이 있는지 알아낼 수 있습니다!
金
뭐? 세상에
이런 일이?
우리도 황금을
찾으러 갑시다!
......
왕!
8m
10m
150cm
120cm
8cm
13cm
탐정님, 저들이 지금
무엇을 재고 있는 거예요?
어......
앗
어?
탐정님,
저기 황금이 있어요!
5cm
8cm
'황금'의 뜻이
저것인가?

앞서 우리는 파인애플 표면의 나선무늬와 나무의 성장이 서로 관련이 없어 보이지만 수학의 눈으로 관찰하면 놀라운 유사점이 있다는 사실을 발견할 수 있었다.

나선의 수와 나무 성장의 각 단계에서 나뭇가지의 수는 모두 피보나치 수열을 나타내는 숫자 1, 1, 2, 3, 5, 8, 13, 21, 34, 55, 89, 144, … 으로 표현된다.

여기서 각 항의 숫자는 앞 두 항의 수를 더한 결과이며, 피보나치 수열은 사람들이 말하는 '아름다움'과 관계가 깊은 '황금 비율'로 그 의미가 서로 통한다. 이번 주제에서 우리는 수학계의 유명한 주제인 '황금 비율'에 대해 다루고자 한다.

황금 비율은 가장 아름다운 비율로 이집트의 피라미드, 그리스의 파르테논 신전, 레오나르도 다빈치가 그린 「모나리자」와 「최후의 만찬」 등의 작품에서도 찾아볼 수 있다. 황금 비율은 마치 유명 요리사들 사이에 전해지는 비법 소스와도 같다. 슬며시 쓰게 되면 작품은 말할 수 없는 아름다움을 갖추게 된다.

그런데 황금 비율이 도대체 뭘까? 그리고 많은 사람들이 황금 비율이 피보나치 수열과 관련이 있다고 하는데 어떤 내용일까? 우리는 여기에서 이 두 문제에 대한 답을 함께 알아볼 것이다.

아름다운 숫자에 숨은 비밀번호

비율은 두 수를 나눈 결과로, 피보나치 수열에 나타나는 숫자는 매우 많으니 앞에서부터 순서대로 살펴보도록 하자.

제2항을 제1항으로 나누면 $1 \div 1 = 1$

제3항을 제2항으로 나누면 $2 \div 1 = 2$

제4항을 제3항으로 나누면 $3 \div 2 = 1.5$

다시 $5 \div 3 = 1.667$

$8 \div 5 = 1.6$

$13 \div 8 = 1.625$

$21 \div 13 = 1.615$

$34 \div 21 = 1.619$

$55 \div 34 = 1.618$

$89 \div 55 = 1.618$

$144 \div 89 = 1.618$

…

재미있는 일이 생겼다. 자전거를 탈 때 처음에는 삐뚤삐뚤하게 타다가 계속 타다 보면 안정적으로 직선 위에 안착하는 것처럼, 피보나치 수열의 연속하는 두 항의 비율을 구해 본 결과 1.618이라는 값에 가까워진다. 이 숫자가 바로 황금 비율이다.

다시 거장의 작품으로 돌아가 레오나르도 다빈치의 「모나리자」의 경우, 어떤 이가 작품 속 여인의 상에서 부위별로 비율을 측정해 보았다. 가로와 세로의 비, 얼굴의 길이와 너비의 비, 이마의 너비와 높이의 비, 입에서 눈까지의 거리와 반쪽 얼굴의 너비의 비를 구했더니 모두 황금 비율인 1.618이 되었다. 아름다운 건축물의 경우도 높이를 너비로 나누면 1.618임을 확인할 수 있다!

또한 유명 셰프의 비밀 소스의 비율도 1.618, 몸짱인 모델의 키와 허리까지 높이의 비율 또한 1.618이니 황금 비율이라는 숫자만 있으면 아름다움이 담보되는 듯하다.

그렇다면 황금 비율은 정말 아름다울까? 과학의 정신은 그 결론을 쉽게 믿지 않았고, 항상 의문을 가지고 이성적으로 생각한다. 우리는 실험으로 황금 비율의 아름다움을 확인해 보려고 한다.

※ 주의 : 명확하게 하기 위해 모든 숫자는 반올림하여
소숫점 아래 셋째 자리까지 나타낸다.

1. 도화지 두 장, 컬러 펜, 가위, 자를 준비한다.

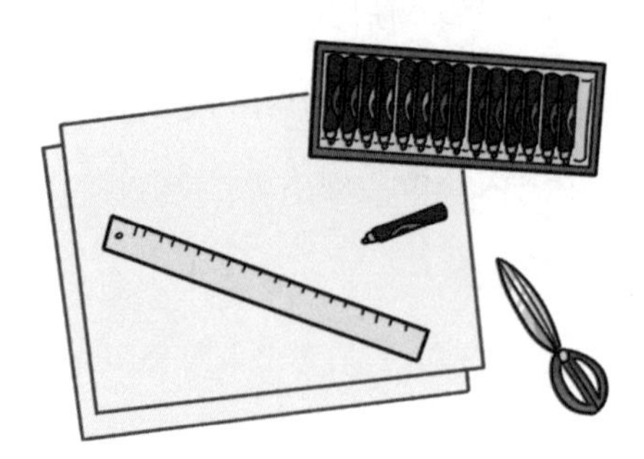

2. 종이에 꽃병 하나, 꽃 몇 송이, 잎 몇 개를 그린다. 그중 한 송이는 비교적 크고 예쁜 꽃으로 주화主花라고 하겠다.

3. 종이에 그린 꽃, 잎, 꽃병을 오려서 꽃꽂이 하듯 마음에 드는 모양으로 놓는다.

4. 주화와 화병의 높이를 측정하고 두 값을 나누어 본다. 그 비율은 얼마인가?

5. 이번에는 주화의 높이를 꽃병 높이로 나눈 비율이 1.618이 되도록 맞춰서 그린 후 오려 보자.

6. 두 스타일 중, 어느 쪽이 더 아름다운가? 직접 생화로 꽃꽂이해 보며 관찰해 봐도 좋다.

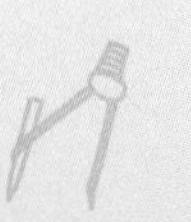

사람들은 황금 비율을 좋아할까?

각자가 디자인한 꽃꽂이 작품에서 주화와 화병의 높이를 나누면 황금 비율이 나올까?

사실 처음 디자인에서 찾은 비율은 황금 비율과 차이가 크게 날 수도 있고, 아무리 근접하게 한다고 하더라도 완전히 일치한 값이 나오기는 어려울 수도 있다.

아래에 아홉 개의 직사각형이 있다. 부모님이나 가족, 친구들과 같이 이 직사각형을 보면서 어떤 모양이 가장 예쁘고 보기 좋은지 골라보자.

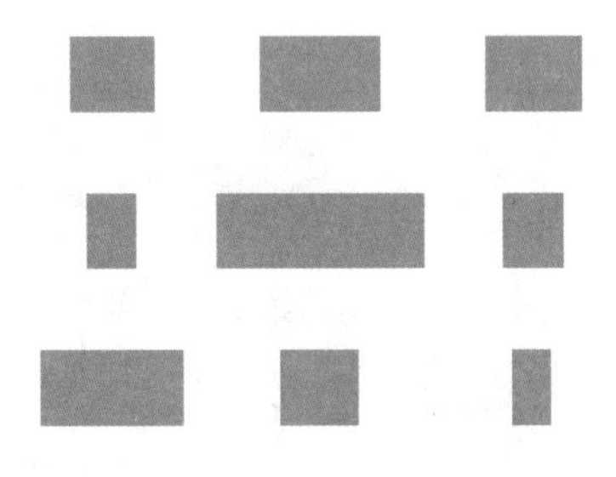

여기에는 가로 길이를 세로 길이로 나누면 황금 비율이 되는 '황금 직사각형'이 숨어있다. 그것은 바로 가장 윗줄의 중간에 위치한 직사각형이다. 그런데 많은 심리학자들이 비슷한 실험을 했는데, 사람마다 고르는 직사각형이 다양하고 심지어 어떤 사람은 정사각형이 가장 아름답다고 확신하기도 하였다. 결국 '아름다움'은 매우 주관적인 관점이 적용되는 것이다. 정확한 수치로 나타나는 황금 비율

또한, 육안으로는 1.618, 1.6, 1.65 등으로 보일 수 있기 때문에 미세한 차이를 명확하게 표현하기는 힘들다.

그렇다면 왜 황금 비율이 가장 아름다운 비율이라고 말하는 걸까? 어쩌면 그것이 너무 특별해서일까?

황금 비율은 신기한 수학적 특성을 보인다. 예를 들어, 1을 황금 비율로 나누면 황금 비율의 소수부분이 그대로 나타난다. 황금 비율에 황금 비율을 곱한 값은 황금 비율에 1을 더한 값이다. 이런 특성들은 오래전부터 수학자들이 연구해 왔다.

$$1 \div 1.618 \fallingdotseq 0.618$$

$$1.618 \times 1.618 \fallingdotseq 2.618 = 1.618 + 1$$

우리가 특정한 비율을 좋아하는 것이 사실인지는 알 수 없다. 예를 들어 다리가 긴 사람이 몸매가 좋아 보이기는 하나 그 비율이 꼭 황금 비율은 아니고, 누구나 좋아하는 꽃꽂이 작품에서 주화와 화병의 높이의 비율이 반드시 1.618은 아니다. 앞에서 언급한 세계적인 명화나 건축물들이 꼭 황금 비율을 따라서 아름다운 것이 아니라, 황금 비율의 명성이 너무 높아서 사람들이 스스로 미와 연결시켜 예술에서 그 답을 찾으려고 애쓰는 것뿐이라는 연구도 있다. 나중에 누군가가 여러분에게 황금 비율이 얼마나 아름다워 보이는지를 억지로 알리려고 한다면 그것이 꼭 그렇지 않을 수도 있다는 점을 일깨워주는 것도 필요할 것이다.

외적인 아름다움보다는 본질로 돌아가

황금 비율의 내적인 아름다움(수학)을 느껴보자!

황금 직사각형과 황금 나선

황금 비율을 이용하여 그린 직사각형을 황금 직사각형이라 하며, 길이와 너비의 비는 1.618:1이다. 흥미롭게도 황금 직사각형의 짧은 변을 한 변으로 하는 정사각형을 직사각형 내부에 하나 그리고 이를 자르면 남은 직사각형은 여전히 황금직사각형이 된다.

▶ 황금 나선을 명화 「모나리자」에 씌웠는데 이 나선이 초상의 콧구멍, 턱, 머리 위, 손 등 중요한 부분을 지나간 것이 확인되었다. 이것은 우연의 일치일까?

다시 같은 방식으로 이 작은 직사각형 안에서 정사각형을 잘라내어도 남은 부분은 황금 직사각형이므로 점점 더 작은 황금 직사각형을 얻을 수 있다.

이때 정사각형을 잘라내지 않고 계속해서 정사각형을 그린 후에, 황금 직사각형 내부의 정사각형마다 한 변의 길이를 반지름으로 하는 사분원(원을 4등분한 것의 한 부분)의 호를 그어 원호를 연결해 나가면 나선이 만들어지는데, 이것이 '황금 나선'이다.

더 생각해 보기

지난 수업에서 피보나치 수열을 확인할 수 있는 자연 속 소재를 확인해 보았다. 이를 참고하여 황금 비율이 자연의 어느 부분에서 발견될 수 있는지 생각해 보자.

03

인쇄용지의 비밀 파헤치기

복사나 프린트를 할 때 A4 용지를 많이 쓴다.
왜 A4라고 부르는 걸까?
A5, A6, … 이들 사이에는 어떤 연관성이 있을까?
종이의 가로, 세로 비율에 숨어 있는 재미있는 수학을 탐구해 보자!

여러분, 이것은
A4 용지입니다.
반으로
접으면 A5
다시 반을
접으면 A6
또 다시 반을
접으면 A7
난 계속해서
반으로 접을 테다!
접고 또 접고 계속 접어
A100이 되면 모양은 어떻게
변할까?
탐정님! 어서 돌아오세요! 종이를
103번 반으로 접으면 두께가 우주보다
더 두꺼워진대요~!
콜록! 으흠
흐음... 만약 그가 블랙홀에
먹히지만 않았다면 답은
금방 알아낼 수 있을 거야!
암 그렇고말고~

앞서 황금 비율을 함께 알아보며 '비比'가 생활 속 어디에나 있다는 것을 발견했다. 다른 건 몰라도 교과서, 연습장, 스케치북, 만화책, 소설책 등을 통해 우리는 매일 종이를 접한다. 종이는 그 기능과 활용에 따라 길이와 너비가 다른 것이 쓰이는데, 각각의 적합한 규격의 비율이 있다.

이번 주제는 바로 복사 또는 프린트를 할 때 흔히 사용하는 복사용지, 즉 A4용지이다. A4용지는 가장 많이 사용되는 종이로, 집에 있는 평범한 간행물을 떠올려 보면 대부분 비슷한 사이즈인 것을 알 수 있다. A4용지는 일반 간행물보다 세로가 조금 더 긴 사이즈로 나온다. 그런데 왜 이 사이즈일까?

또, 여러분은 이 사실을 알고 있을지 모르겠다. 바로 A5용지는 A4용지의 긴 변을 따라 반으로 접은 크기이고, A6용지는 A5용지의 긴 변을 따라 반으로 접은 것이다. 반대로 A4용지 두 장을 긴 가장자리를 따라 나란히 놓으면 A3용지 한 장을 얻을 수 있다.

따라서 A시리즈 용지의 이름을 정리하면, 가장 큰 A0부터 시작하여 긴 변을 따라 반으로 접을 때마다 A 뒤의 숫자가 1씩 커지기 때문에 A4는 A0용지를 반으로 4번 접은 후의 크기이다. A시리즈 종이를 일자로 늘어놓으면 어떤 공통점을 발견할 수 있을까? 그렇다, 모두 직사각형이다! 이 역시 훌륭한 수학적 관찰인 것은 분명하다.

또 다른 특징은 없을까? 직사각형이 비슷하게 생겼다고 생각되는가? 비슷하게 생긴 직사각형을 수학에서는 뭐라고 표현할까? 먼저 실험해 보자.

1. A4용지 한 장을 가져와 그 가로와 세로의 길이를 자로 측정한다. A4용지의 가로를 세로로 나눈 값을 구해 소숫점 아래 셋째 자리까지 표시한다.

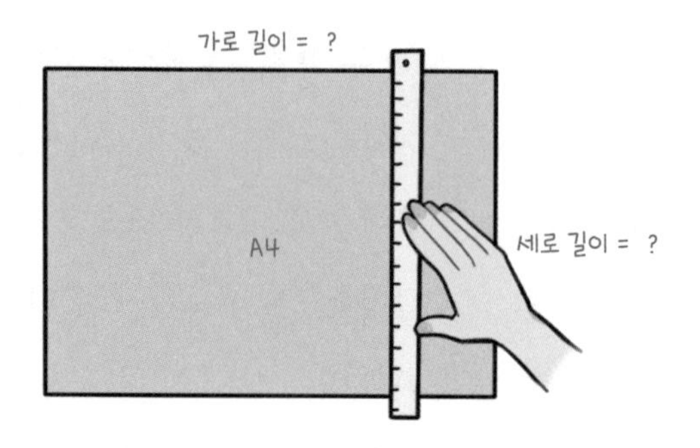

2. A4용지를 가로 변을 따라 반으로 접어 A5용지로 만들고, 그것의 가로와 세로의 길이를 같은 방법으로 측정하여 가로를 세로의 길이로 나눈 값을 구한다. 다시 A5용지의 가로 변을 따라 반으로 접어 A6용지를 만들고 같은 방법으로 가로와 세로의 길이를 측정하고 가로를 세로의 길이로 나눈 값을 구한다.

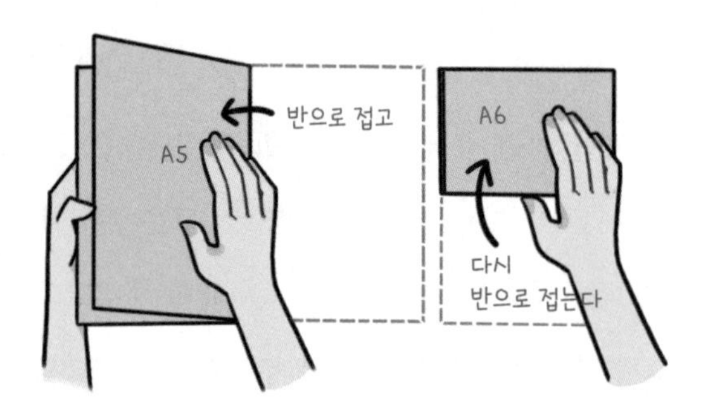

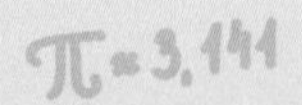

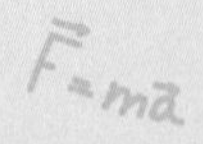

모두 1.414

우선 실험의 1단계와 2단계에서의 답을 확인해 보려고 한다. A4 용지의 가로 길이는 29.7㎝, 세로 너비는 21㎝이고 A5용지는 21㎝, 14.85㎝, A6용지의 경우는 14.85㎝, 10.5㎝이다. 세 가지의 서로 다른 규격의 종이에 대해 가로를 세로의 길이로 나눈 결과는 각각 다음과 같다.

$$29.7 \div 21 = 1.414$$

$$21 \div 14.85 = 1.414$$

$$14.85 \div 10.5 = 1.414$$

주어진 A시리즈 종이는 가로와 세로의 길이가 모두 동일한 비율을 가지므로 수학적으로 '닮은 도형'이다. 실험에서 우리는 비율을 계산하기 위해 총 여섯 번을 측정하였다.

여기서 생략할 수 있는 절차는 무엇일까? 그것은 바로 A4의 가로와 세로의 길이만 재면 된다는 것이다. 반으로 접으면 A4용지의 세로가 A5용지의 가로가 되고, A4용지의 가로가 절반이 되면 A5용지의 세로가 된다. 따라서 A6용지의 가로도 같은 방법으로 구할 수 있다.

더 나아가, A시리즈의 가로와 세로의 비율은 1.414로 이 수는 어떤 특별한 의미를 가질까? 또 다른 실험으로 확인해 보자.

1. A4용지 한 장을 준비한다. 짧은 변(세로)을 긴 변(가로)에 접어 맞춘 후 평평하게 눌러 사선으로 접는다.

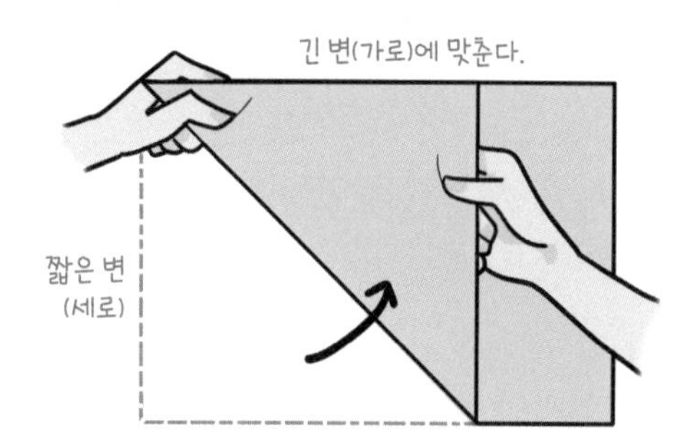

2. 다른 A4용지를 하나 더 준비한다. 이 종이의 긴 변을 앞 단계에서 접은 사선과 맞추어 두 변의 길이를 비교해 보자.

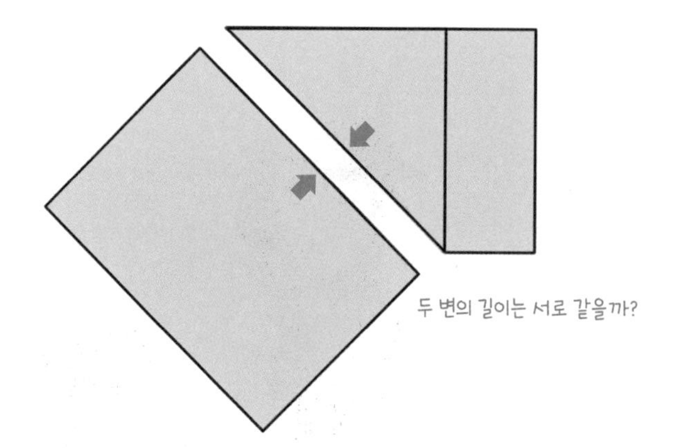

이 실험을 통해 A4용지의 짧은 변을 접어 생기는 사선의 길이는 A4용지의 긴 변의 길이와 같음을 확인할 수 있다. 좀 더 자세히 살펴보면, 이 사선은 짧은 변을 한 변으로 하는 정사각형의 대각선이다. 다시 말해, 이 정사각형의 대각선 길이와 한 변의 길이비는 29.7 : 21 = 1.414 : 1이다.

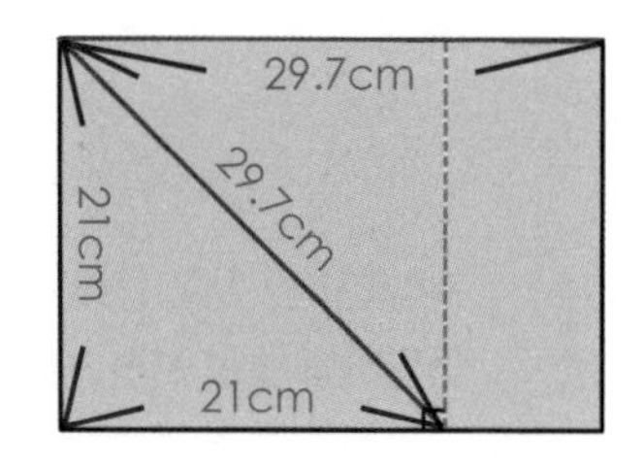

당시 독일 과학자 리히텐베르크G. C. Lichtenberg는 가로, 세로 길이와 상관없이 그 비가 일정한 종이규격을 찾고 싶었다. 결국 그는 이와 같은 가로, 세로의 비가 정사각형의 대각선과 그것의 한 변의 길이 비임을 확인하였는데 그 비율이 바로 1.414 : 1이다.

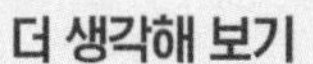

1. 실험의 연장선으로 A0의 가로, 세로의 길이를 구할 수 있을까?
2. B4용지를 한 장 준비하자. 같은 의미의 수학실험을 진행한다면 어떤 결과를 얻을 수 있을까?

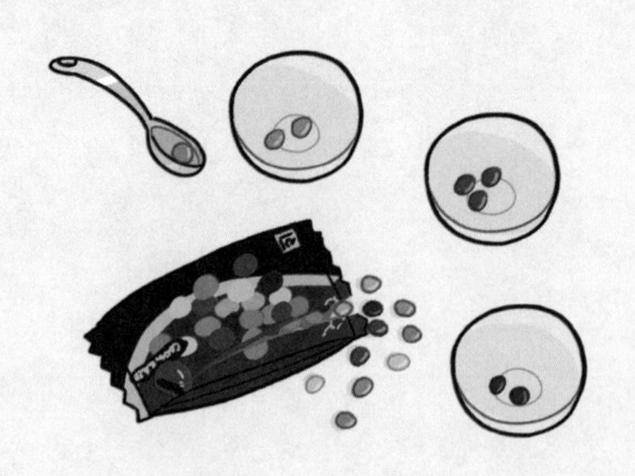

04

초콜릿 색깔의 통계학

다채로운 색의 초콜릿 캔디를 좋아하는가?
큰 봉지와 작은 봉지에 들어있는
초콜릿 캔디의 색깔 분포는 같을까, 다를까?
통계로 한번 확인해 보자.

누군가가 출처가 불분명한 초콜릿 한 봉지를 내 상품에 섞어버렸어! 그걸 찾을 수 있게 누가 날 좀 도와줘요.
크~
이건 좀처럼 간단하지 않군. 나에게 맡겨보라구!
내가 계산해 볼게. 서로 다른 색깔의 초콜릿이 몇 개씩 들어있지?
첫 번째 봉지 : 빨강 29 개 , 파랑 32 개 , 노랑 13 개
두 번째 봉지 : 빨강 31 개 , 파랑 29 개 , 노랑 15 개
세 번째 봉지 : 빨강 35 개 , 파랑 15 개 , 노랑 25 개
네 번째 봉지 : 빨강 35 개 , 파랑 28 개 , 노랑 12 개
……
진실은 하나, 정답은 바로 ……
초콜릿~~ 초콜릿~~
초콜릿이 다 뜯겨서 팔수가 없군!
멈춰! 개는 초콜릿을 먹으면 안 돼! 에헴!
퍽!
멍~

TV 뉴스에서 '통계'는 가장 많이 등장하는 수학 명사이다. 예를 들어, 정부는 대한민국에 얼마나 많은 초등학생, 중고등학생, 대학생이 있는지 알고 싶어 하고, 매스컴에서는 얼마나 많은 초등학생이 「포켓몬」을 좋아하는지, 교장 선생님은 전교생 중 수학을 잘하는 학생이 얼마나 되는지, 혹은 국어 실력이 뛰어난 학생은 어느 정도인지 알고 싶어 한다.

이러한 질문에 대한 답은 모두 통계를 거쳐야 한다. 통계 수치가 있어야 우리는 다음 판단을 할 수 있다. 정부가 각 학급의 학생 수를 알아야 초등학교, 중고등학교, 대학교가 얼마나 필요한지를 결정할 수 있고, 「포켓몬」을 좋아하는 사람이 많다면 시청률을 위해 「포켓몬」 애니메이션을 몇 편 더 방영할지를 고려할 것이다. 교장 선생님은 학생들이 힘들어하는 과목을 확인하여 선생님들과 회의를 통해 새로운 목표를 논의할 수도 있다.

통계는 지금의 상황을 분명하게 보여주고

더 나아가 사실을 판단하는 데에 도움을 준다.

앞서 언급한 '통계는 가장 많이 등장하는 수학 명사'라는 말도 통계로 확인할 수 있다. 여러분은 전 세계의 모든 뉴스를 접할 수 있다. 각 뉴스에서 수학 명사를 언급하고 있는지 확인할 수 있고, 있다면 사칙연산과 같은 계산, 기하도형, 확률 등등 다른 명사로 분류할 수 있다. 분류가 끝난 후, 어느 카테고리에 가장 많은 기사가 있는지 '통계'를 낼 수 있다.

하지만 현실적으로 이런 작업은 불가능하다! 수많은 나라에서 매일 쏟아져 나오는 뉴스를 어떻게 다 읽을 수 있을까? 하지만 수학이 우리가 이 일을 빠르고 잘할 수 있도록 도와준다는 것을 잊지 말자.

전부 셀 필요는 없다

여론조사 업체가 어떤 정치인의 지지율을 발표할 때, 전 국민을 상대로 조사하지 않고도 일부 자료의 결과를 이용해 지지율을 계산하고 이를 전 국민의 생각으로 간주한다.

정말로 모든 사람에게 확인할 필요는 없을까? 어떤 경우에는 확실히 필요하지 않지만 두 가지 조건은 충족시켜야 한다.

첫째, 조사 인원이 너무 적어서는 안 되고 대표성이 충분해야 한다. 사탕에 비유하자면, 한 봉지에 빨간색과 파란색 두 가지 사탕이 들어있다고 할 때, 손을 뻗어 네 개를 잡는다. 처음에는 빨간색 두 개, 파란색 두 개, 다음에는 네 개 모두 빨간색, 그다음에는 네 개 모두 파란색을 잡을 수도 있다. 한편, 한 번에 한 움큼씩 20~30개 정도 잡는다면 한 번 잡을 때마다 빨간색과 파란색 사탕의 비율이 크게 다르지 않을 것이다.

둘째, 조사 표본이 너무 강하거나 특별한 경향이 없어야 한다. 만약 '편의점 전기료 전액 면제' 정책에 대한 여론조사로 업체 방문자들이 모든 편의점 사장의 의견을 조사했다면 참여율은 100%가 될 것이다. 하지만 편의점 사장이 아닌 일반인의 입장에서는 반드시 지원해야 할 정책이라고 여기지 않을 것이며 인근 재래시장에서 장사를 하는 사람들은 그렇게 훌륭한 정책이라고 생각하지도 않을 것이다.

그러면 지금부터 즐거운 실험을 하며 함께 통계의 세계로 들어가 보자.

1. M&M's 밀크초콜릿 작은 봉지 3개(47.9g)와 큰 봉지 1개(303.3g)를 준비한다. 한 봉지에 어떤 색이 가장 많을까? 아니면 모두 똑같을까?

2. 접시나 그릇 여섯 개, 스푼 하나를 준비한다.

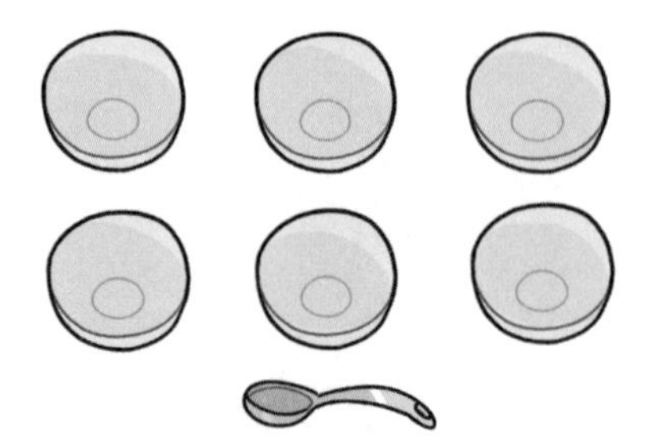

3. 작은 한 봉지를 뜯는다. 여섯 가지 다른 색깔의 초콜릿 캔디를 스푼으로 각각 다른 용기에 담는다.

4. 색깔별로 몇 개인지 세어본 후 메모한다. 헤아린 초콜릿을 밀폐된 캔에 부어 보관한다. 나머지 두 봉지도 각자 기록한다.

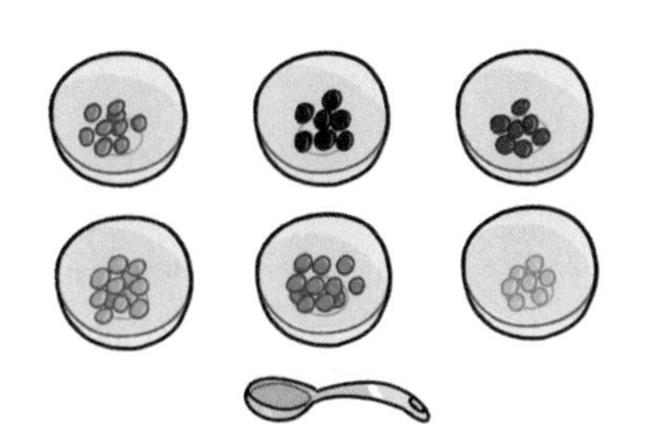

5. 큰 봉지를 뜯어 3단계와 같이 서로 같은 색깔의 초콜릿끼리 분류한 후 개수를 기록한다.

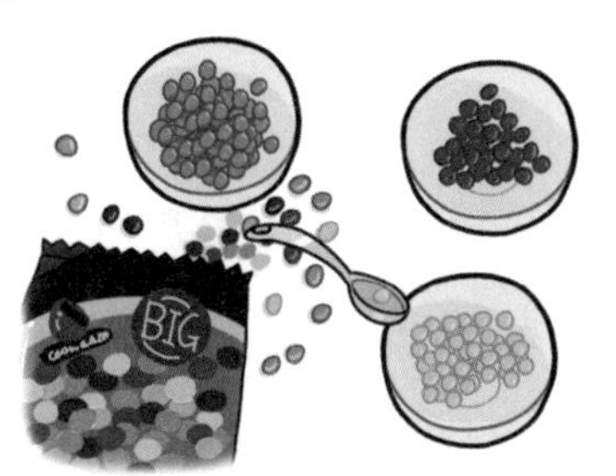

6. 마지막으로 작은 세 봉지의 초콜릿을 헤아린 결과를 합산하여 각각의 색이 전체에서 차지하는 비율을 계산하고 원그래프 위에 표시한다.

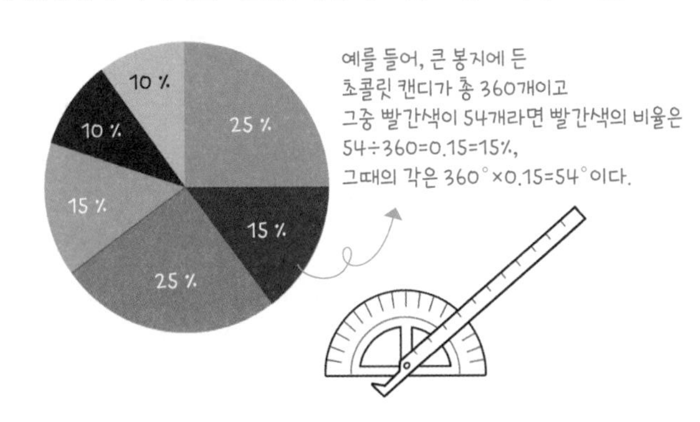

M&M's 색깔 변화

집계 결과는 어땠을까? 나의 예상과 일치했는가?

먼저 작은 세 봉지 각각의 결과를 비교할 때 색깔의 비율은 어떨까? 작은 세 봉지를 합한 결과로 그려진 원그래프는 큰 봉지의 결과를 반영한 원그래프와 비슷할까? 이론적으로는 작은 봉지에 든 초콜릿 색깔의 비율이 그렇게 비슷하지 않더라도, 작은 봉지의 결과를 모두 합하여 확인한 비율이 큰 봉지의 결과에 가깝다면 여러분은 친구들의 데이터를 모두 합산한 결과를 확인할 수 있을 것이다.

검증이 충분해야 통계적 의미가 있다.

실제로 M&M's 초콜릿의 색깔 비율은 어떻게 될까? 두 가지 확실한 사실을 먼저 소개하자면 우선 세대별 소비자 선호도에 따라 색깔 비율이 달라지는데, 2000년 이전에는 갈색이 가장 많았다.

현재 대만의 M&M's 초콜릿은 대부분 미국 뉴저지 주 해커스타운의 공장에서 생산되는 것으로 이 공장의 초콜릿 캔디는 파랑과 주황이 가장 많다. 이는 통계학자 위클린R. Wicklin이 2017년 M&M's 본사에 문의하여 확인한 답변이다. 본사가 제공하는 생산비율을 보면 파랑과 주황 이 두 색은 다른 네 가지 색보다 두 배나 많은 양이다.

예를 들어 M&M's 한 봉지에 동일하게 80개의 초콜릿 캔디가 있어 8로 나눈다고 할 때, 10개가 된다. 이때, 빨강, 초록, 노랑, 갈색의 4가지 색상은 각각 10개씩, 파랑과 주황은 각각 2배씩 20개이다. 비율로 환산하면, 파랑과 주황의 비율은 각각 20÷80=0.25이다. 다른 네 가지 색은 각각 10÷80=0.125이다.

물론 여러분이 집계한 결과와 똑같지 않을 수도 있다. 다른 요인에 영향을 받을 수도 있기 때문이다. 예를 들면 공장 직원들이 여러 가지 초콜릿을 충분히 섞지 않고 포장해서 어떤 색이 특히 많아졌다면 원래의 생산 비율을 나타낼 수 없다.

통계조사의 함정

뉴스에 나오는 각종 여론조사 결과 수치를 검증해 봐도 무방하다. 각각의 통계 표본은 충분했을까? 큰 봉지나 작은 봉지의 M&M's에서 그 결과는 비슷할까? 아예 한 가지 색의 초콜릿으로만 포장되어 있다면? 샘플이 너무 적거나 편파적이면 결과는 정확할 수 없다.

예를 들어, 대만 전체 성인 10명 중 3명 정도는 유선전화 없이 휴대폰만 사용하는 경우가 많다. 따라서 이들은 대부분 젊은 사람들이기 때문에 유선전화로만 여론조사를 한다면 '어떤 색깔이 빠진' 결과를 얻는 셈이 된다.

역설적으로 휴대폰 사용자만으로 여론조사를 할 경우에도 비슷한 문제가 발생할 수 있다. 그 이유는 대만 전체의 약 13%가 휴대폰을 가지고 있지 않기 때문이다. 휴대폰이 없는 이들 대부분이 나이가 많은 연령대이므로 이들의 의견은 반영되지 않을 수 있다. 이치는 간단하지만 적지 않은 사람이 이 함정에 빠질 수 있다. 방대한 자료는 의미 있는 결과로 이어져 중요한 정보를 알 수 있게 하지만 정확한 통계방식이 있어야 결과를 제대로 파악할 수 있다.

표본 추출

여기서 배운 것은 바로 통계학에서 중요한 개념인 '표본 추출'이다. 우리는 항아리에 수천만 개의 M&M's 초콜릿이 들어있다고 상상하자. 그 안에 여러 가지 색의 초콜릿이 골고루 섞여 있으며, 한 번 포장할 때마다 기계가 항아리에서 일부 초콜릿을 꺼낸다.

초콜릿이 담긴 큰 항아리는 통계학에서 '모집단'이라고 하고, 그 속에서 꺼낸 일부분의 초콜릿은 '표본'이라고 한다. 그리고 모집단

에서 표본을 꺼내는 과정은 '표본 추출'이라고 한다.

표본 추출의 목적은 적은 양의 표본으로 효율적이고 정확하게 모집단의 특성을 추정하는 것이다. 기본적으로 표본의 수가 클수록 모집단의 특성에 가까워지고 추정이 효과적이지만, 시간과 비용이 많이 든다는 단점이 있다. 연구 대상과 연구 목적에 따라 표본 추출도 서로 다르게 작용한다.

더 생각해 보기

1. 곰돌이 젤리, 무지개 사탕 등등 색깔을 제외한 맛, 형태, 질감 등에 대해서도 통계를 내는 것이 가능할지 생각해 보자.
2. 큰 봉지의 M&M's는 303.3g, 작은 봉지는 47.9g으로 큰 봉지는 작은 봉지의 약 6.3배이다. 이는 초콜릿 개수도 6.3배라는 것을 의미하는 것일까?

20년을 함께 한 주제

"이 문제를 여러 번 풀며 수학하는 재미를 느꼈다.
시간이 좀 걸려도 스스로 천천히 생각을 더듬어가며
결국에는 생각이 크게 달라질 수 있었다."

초등학교 시절 어느 날, 친구가 선생님이 낸 문제라며 나에게 보여주었는데 벽돌담 위에 선이 많이 그어져 있었다. 모든 선을 한 번에 통과할 수만 있다면 주어진 문제가 풀린다.

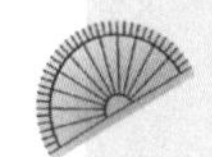

"문제를 푼 사람에게 5천 원의 상금을 주겠어요!"

그 시절, 나에게 5천 원은 천문학적인 액수는 아니었지만, 충분히 도전할 만한 동기가 되었다. 또한, 무엇보다 어렵지 않은 주제라고 생각했고 내가 한번 해 본 결과, 두 줄 정도의 차이로 완성하지 못했

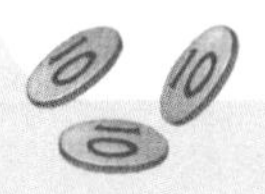

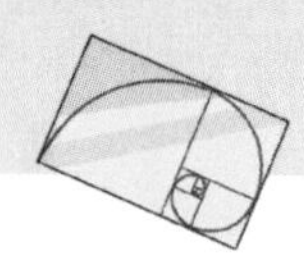

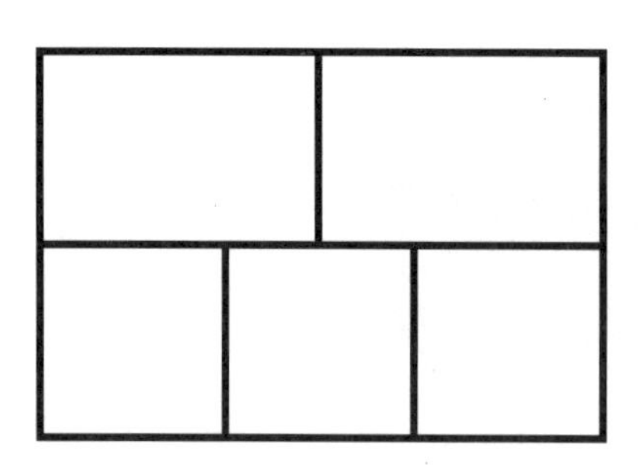

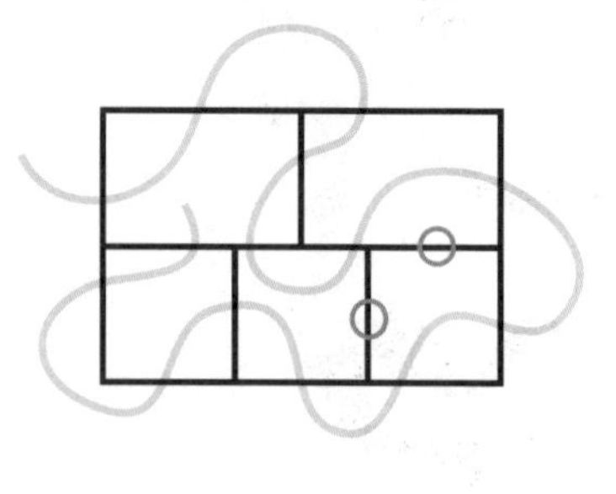

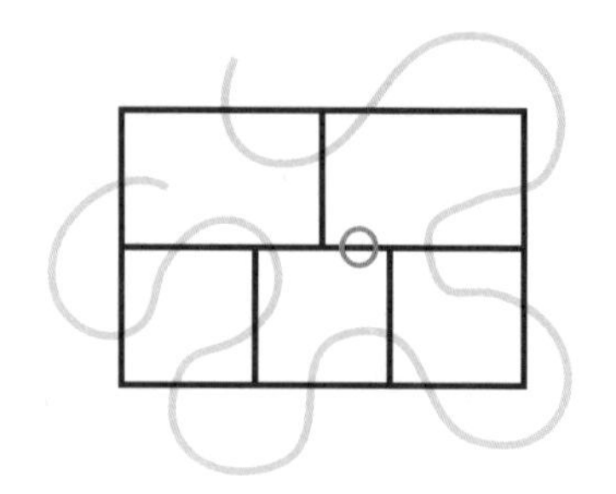

▲ 한 번에 모든 선을 통과할 수 있을까? 오른쪽 그림은 두 가지 가능한 방법을 설명하고 있는데 자세히 보면 지나지 않은 선이 존재한다.

으니 한나절 정도만 집중해서 고민하면 풀릴 거라고 자신했다.

그런데 이 주제가 20년이 넘도록 나와 함께 할 줄이야! 처음 이 문제를 접하고 며칠 동안은 친구들과 함께 여러 가지 가능성을 의논했다. 하지만 시간이 흐르면서 모두 이 문제를 잊어갔다. 다만, 수업 중에 가끔 허공을 멍하니 쳐다보고 있을 때면 갑자기 그 벽돌담이 내 눈앞에 떠오르고 그러면 나는 교과서 가장자리 여백이나 연습장에 바로 문제 풀이를 시도해 보곤 했다.

여러분도 수업 중, 교과서에 낙서를 하며 딴짓을 한 경험들이 있을 것이다. 어떤 친구는 캐릭터를 그리고 또 어떤 친구들은 노래 가

사를 베끼기도 했다. 각자 자기 마음속에 솔직히 담긴 것을 여백에 그리곤 했는데 나는 그 모퉁이에 수없이 이 문제를 그리곤 했다.

다른 방법, 다른 기분

지금은 내가 사용했던 교과서가 남아 있지 않아 아쉽지만, 초등학교 때부터 대학교 때까지 어떤 책을 펼쳐도 이 문제를 풀려고 애썼던 흔적을 찾아볼 수 있었다. 완전한 해법을 찾지는 못했지만 어릴 때부터 시작된 도전에 대해서 내 마음에 또 다른 전환이 있었다. 중학교 때만 해도 나는 진심으로 내가 이 문제를 풀 수 있으리라 생각했다.

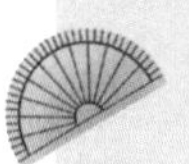

먼저 각각의 면을 통과하는 선을 긋고 그 선들을 이어 붙이는 방법, 맨 안쪽부터 바깥쪽으로 감거나 바깥쪽에서 안으로 감는 방법 등 여러 가지 기법을 생각해 보았다. 몇 번인가 풀린 줄 알고 손을 떨며 검산을 한 적도 여러 번이다. '이번에는 정말로 풀었다!'라고 생각한 순간, 어느 선이 흔들리면서 한구석에 떨어져 있는 게 보였다. 차츰 고등학교, 대학교에 가서는 더 이상의 특별한 희망을 품지 않았다. 그럼에도 불구하고 여러 번 시도하면서, 시간을 허비하는 느낌보다 이번에는 몇 개가 누락되었는지, 새로운 전략을 생각해낼 방법은 없는지 살펴보게 되었다.

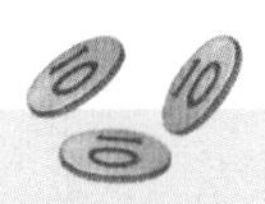

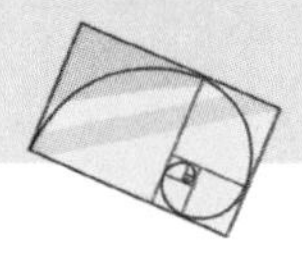

하지만 또 다른 난관에 빠졌다. 과거의 훈련은 대부분 내가 문제를 해결할 수 있게 도와주었지만, 이제는 더 이상 답을 찾을 수 없다는 것을 알게 된 것이다.

나는 단지 "내가 10여 년이 걸렸지만 답을 찾을 수 없었어요. 여러분이 한번 도전해봐요."라고 말할 뿐이다. 이런 말은 너무 무책임하기도 하지만 어쩌면 더 미련하거나 운이 좋은 사람이 나처럼 몇 년이 지난 후에 답을 찾을 수도 있지 않을까? 하는 의구심이 여전히 내 마음속 깊은 곳에 있다는 사실이다.

하지만 다행히도 어느 날, 나는 해답이 없음을 증명할 방법을 찾았다.

더 많이 배우고, 더 넓게 생각하기

당시 나는 박사과정을 밟고 있었고 어떤 논문의 내용을 알아보기 위해 '그래프 이론'에 관한 책을 읽게 되었는데, 그중에 '7개 다리 문제'가 눈에 들어왔다.

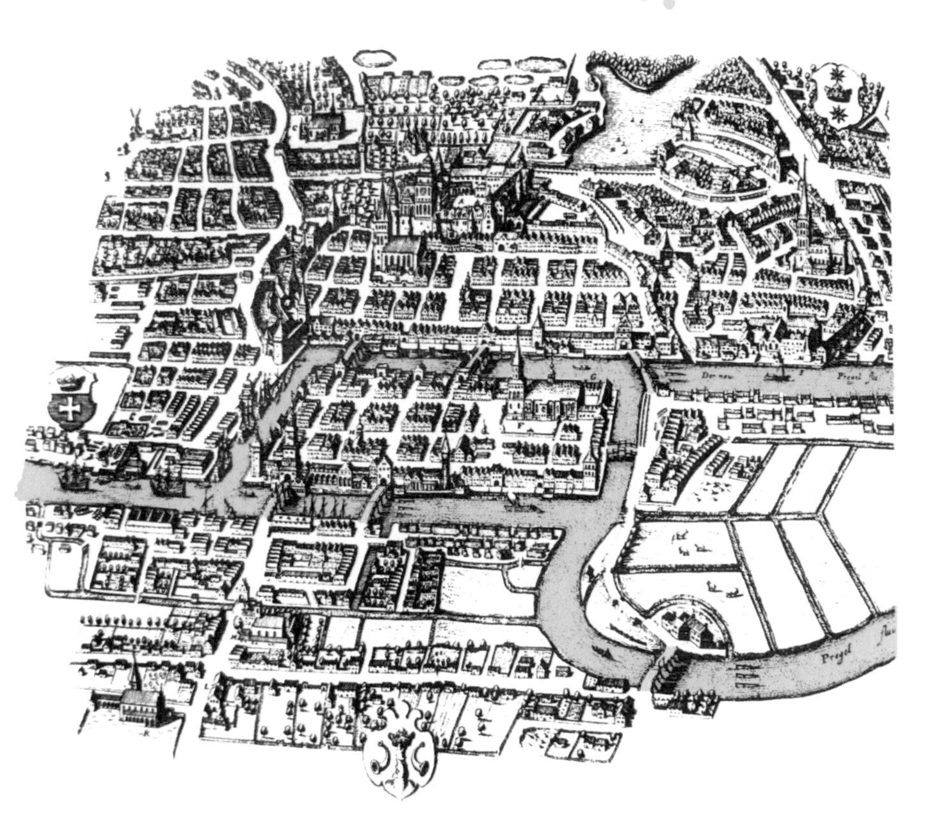

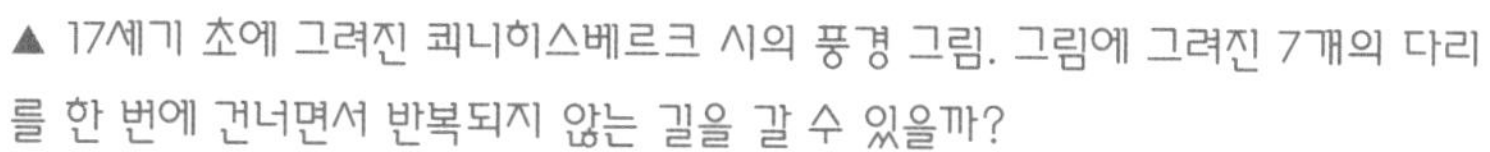
▲ 17세기 초에 그려진 쾨니히스베르크 시의 풍경 그림. 그림에 그려진 7개의 다리를 한 번에 건너면서 반복되지 않는 길을 갈 수 있을까?

쾨니히스베르크 시내에 7개의 다리가 있고 사람들은 다리 위를 산책하기를 좋아한다. 이 7개의 다리를 단숨에 다 건너며 그 어떤 코스도 반복하지 않는 방법이 있을까?

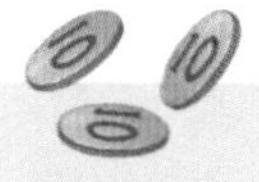

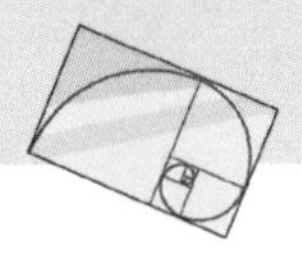

사람들은 다양한 상황을 생각하며 다리를 하나씩 건너보았지만 늘 한 번에 7개의 다리를 겹치지 않고 건너는 방법은 생각해낼 수 없었다.

사람들은 스스로 제대로 된 방법을 찾지 못한 것인지, 아니면 아예 그런 방법이 존재하지 않는 것인지 알 수 없었다. 쾨니히스베르크 사람들이 겪었던 어려움은 내가 어린 시절 맞닥뜨린 벽돌 질문과 똑같지 않은가!

하지만 쾨니히스베르크 사람들은 운 좋게도 한 수학자, 그것도 역사상 최고의 수학자였던 레온하르트 오일러Leonhard Paul Euler에게 가르침을 청했고 그가 해법을 찾았다. 오일러는 수학으로 쾨니히스베르크의 7개 다리를 단숨에 완주할 수 없다는 것을 사람들에게 증명해 보였고 나아가 현대 과학기술에 깊은 영향을 미친 '그래프 이론'이라는 수학 분야를 발전시켰다.

'내가 풀지 못했던 벽돌 문제에 그래프 이론을 적용하면 해답을 찾을 수 있을까?' 이런 생각에 사로잡혀 나는 단숨에 어린 시절의 나로 돌아갔고, 그 문제를 풀 기회가 왔다는 생각에 어린 시절의 긴장하고 기대했던 마음이 되살아났다.

선생님, 제 상금 5천 원요!

여러분이 생각하는 재미를 빼앗지 않기 위해 내가 어떻게 증명했는지에 대한 설명은 많이 하지 않겠다. 하지만 생각해 보면 '해를 구하기'에서 '해가 없음을 증명하기'로 이어지는 이 전환은 나에게 매우 중요한 일이었다. 내가 오랜 시간 시도했기 때문인지, 대학에서 더 많은 수학을 접했기 때문인지는 모르겠지만 문제가 내 눈에는 좀 다르게 보였다.

나는 끊임없이 문제 풀이를 시도하며 직감이나 간단한 논리적 추리로 이 문제를 풀어보았다. 하지만 해가 없음을 증명하려면 보다 엄밀한 발상이 필요했다.

벽돌 문제의 모든 선을 한 번에 그릴 수 없다는 것을 증명하는 것은 오일러처럼 '7개의 다리'라는 구체적인 정경을 추상적인 수학적 표시법으로 변환하고, '그래프 이론'이라는 수학적 도구를 적용해 7개의 다리를 단숨에 다 건널 수 없다는 것을 증명하는 것과 비슷한 방법을 써야만 했다. 오일러에 비해 내가 하는 일은 아주 하찮지만 말이다. 그래도 직감이나 시행착오가 깊숙이 들어가는 대신 약간의 수학지식과 훈련은 필요하다. 이것이 바로 수학의 진정한 가치이다.

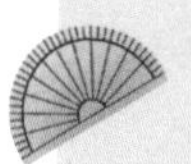

$6\times6=6+6+6+6+6+6$

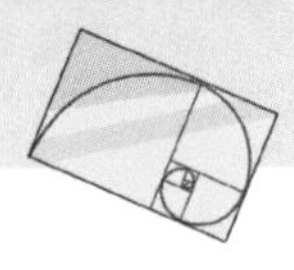

문제를 푸는 재미

나는 이 문제에 상당히 많은 시간을 들였다. 이 문제가 없었다면 나는 교과서의 여백에 그림을 그리며 재능을 발전시켰거나, 시인이 되었을지도 모른다. 하지만 이 문제를 여러 번 풀며 재미를 느낄 수 있었다.

이런 재미는 수업과 상관없었고
문제 풀이에 실패해도 전혀 상관없었다.
심지어 많은 사람들이 포기했기 때문에
나는 더 이상 아무렇지도 않게 대할 수 있었다.

다른 사람들이 나만큼 시간을 들였더라면 아마도 나보다 먼저 이 문제의 열쇠를 찾아냈을 뿐만 아니라 해답이 없다는 것을 증명할 수 있었을 것이라고 믿는다. 나는 어쩌면 뒤늦은 감이 있지만, 스스로 천천히 생각을 더듬어가며 크게 달라질 수 있게 되어 기뻤다. 그리고 결국 어른이 된 내가 아홉 살의 나를 대신해 "선생님, 이 문제는 전혀 풀리지 않는데 풀리지 않는다는 걸 증명했으니, 저에게 5천 원의 상금을 주세요."라고 말할 수 있겠다.

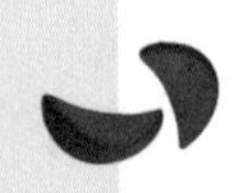

05

바가지 던지기의 확률

여러분은 사찰寺刹에서 바가지를 던지며 기도를 한 적이 있는가?
이것은 신도가 신에게 묻는 방식으로 매번 서로 다른 결과를 낳는다.
그런데 알고 보니 여기에도 수학의 깊고 묘한 이치가 숨어 있었다.

오늘 비가 올 확률은 90%, 외출할 때 우산을 꼭 챙기세요.
90%
와, 해가 떴다!
야옹~
오늘 비가 올 확률은 10%, 맑다가 구름 낀 날씨가 되겠습니다.
10%
왜 이렇게 비가 많이 오는 거야. 일기예보는 맑다가 구름 낀다면서?
야옹~
와~ 확률!! 도대체 뭐야~~?!!
멍~
멍~

나는 어려서부터 부주의했다. 학교에 가서 책가방을 열어보면 교과서를 깜빡 잊고 챙기지 않은 것을 뒤늦게 발견하기도 하고, 학교 시험에서 답을 구할 때도 부호를 잘못 보는 경우가 많았는데, 왜 하필 곱셈 기호를 덧셈 기호로 보았는지…. 꼭 챙겨야 할 물건인데 집에 두고 오거나 분명히 쓸 줄 아는 주제를 틀리기도 했다. 부주의한 내 자신이 너무 싫었지만, 하필 이런 부주의는 이후에도 계속 일어나서 지금까지도 나와 함께 하고 있다.

살다 보면 좋지 않은 경험과 좋은 경험을 모두 하게 된다. 예를 들어 운동장에서 축구를 하다가 갑자기 옆 반 친구를 만날 수도 있고, 카드 뽑기에서 내가 가장 원하는 카드를 운 좋게 뽑을 수도 있다.

그중 가장 인상 깊었던 경험은 중학생일 때 음료수를 샀는데 '한 잔 더'를 뽑았고 수업이 끝난 후 다시 가서 음료수 한 잔을 받고 다시 뽑은 행운권이 또 당첨된 일이었다. 그래서 나는 또다시 가서 한 잔씩 교환하고 옆에 있는 친구를 데려와서 함께 마셨다. 그때 친구가 이번에는 자기가 뽑아보겠다고 나섰는데 나는 뭔가 예감이 좋아 내가 대신 뽑겠다며 과감하게 뽑았고 또 당첨되어 친구도 나도 너무 놀라 어리둥절했던 기억이 난다.

3번 연속으로 '한 잔 더'를 뽑았는데 네 번째는 다시 당첨되지 않아 조금 서운하긴 했지만, 안도의 한숨을 내쉬었다. 왜냐하면 이렇게 여러 번 당첨돼서 행운이 단숨에 바닥 나, 앞으로 운이 없을 거 같았기 때문이다. 이왕이면 이런 행운은 중요한 시험에서 작동했으면 좋겠다는 생각을 했다. 이후에 '확률'을 배우고 보니 막연하게만 느껴졌던 확률도 의외로 계산을 통해 확인이 가능하다는 것을 알게 되었다.

확률로 결과를 예상하다

어떤 상황은 매번 나오는 결과가 일정하지 않다. 복권이 때로는 당첨되고 때로는 허탕을 치는 등 규칙이 없는 것처럼 보이지만, 수학자들은 이를 오랜 시간 관찰하였고 이와 같은 불확실한 사건들도 '확률'을 계산할 수 있다는 사실을 발견하였다.

예를 들어, 오랫동안 동전 던지기의 결과를 관찰한 끝에 동전을 바닥에 던졌을 때 '앞면이나 뒷면이 나타날 확률은 $\frac{1}{2}$'임을 알게 되었다. 즉, 동전 1개를 100번 던질 때 결과는 앞면과 뒷면이 각각 50번씩 나타난다는 것이다. 만약 일기예보에서 아나운서가 "내일 비가 올 확률이 10%"라고 한다면 우산을 챙기지 않아도 될 것이고 "비가 올 확률이 90%"라고 하면 우산을 가져가는 게 좋다. 분명한 것은 날씨를 확신하기는 어려운 일이지만 일기예보는 수학을 사용하여 사전에 대비할 수 있도록 도와준다.

확률 변화

확률은 어디에나 존재하는데 생각지도 못한 곳에도 확률이 숨어있다.

외딴 곳의 사찰에서 신에게 바가지를 던지며 절을 하는 행위에도 확률적인 의미가 있다. 바가지 던지기의 규칙은 마음속으로 신을 생각하고 두 손을 모은 채로 한 쌍의 바가지를 땅바닥에 가볍게 던진다. 두 개의 바가지는 서로 다른 볼록한 면과 오목한 면의 조합으로 나타나며 이들의 조합은 신의 다른 대답을 의미하는데, '동의, 비동의, 불명확'의 세 가지로 나뉜다. 가령 신이 바빠서 신력을 발휘하지 못한다고 가정하면, 바가지를 던진 결과는 여러분이 동판을 잃어버린 것처럼 완전히 그 확률에 따라 달라질 것이다.

그렇다면 바가지에 신이 '동의'를 나타낼 확률은 얼마일지 실험해 보자.

수학 실험

1. 한 쌍의 바가지를 준비하여 각각을 볼록한 면과 오목한 면으로 나누거나, 10원짜리 동전 두 개를 이용한다면 숫자가 있는 면을 볼록한 부분, 그림이 그려져 있는 면을 오목한 면이라고 생각하자.

2. 먼저 두 바가지의 오목한 부분을 마주보도록 양손으로 잡는다.

동전을 사용한다면 사람 얼굴이 있는 두 면을 마주 보도록 한다.

3. 바닥을 향해 바가지를 던져서 바닥에 자연스럽게 떨어지도록 한다.

동전을 이용하여 던질 때에는 동전이 멀리 굴러가지 않도록 힘을 너무 세지 않게 하여 던진다.

4. 던진 바가지의 결과 조합을 관찰한다.

5. 표를 하나 그려 동의, 비동의, 불명확의 횟수를 정正자 기호로 기록한다.

A볼록, B볼록 (비동의), A볼록, B오목 (동의), A오목, B볼록 (동의), A오목, B오목 (불명확)

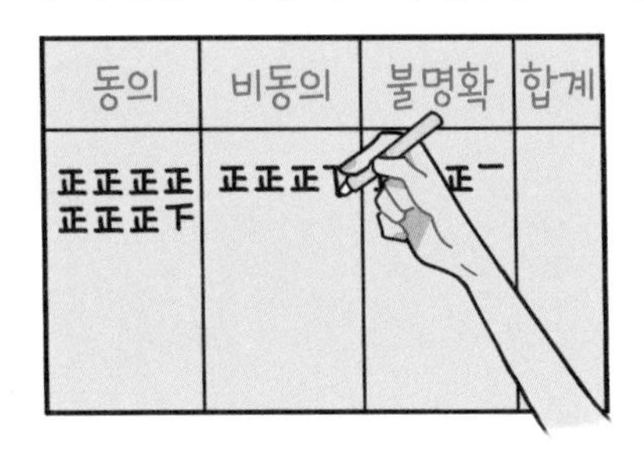

6. 100번 던질 때, 동의는 몇 번 나타날까? 주변 사람들에게도 물어보자.

동의	비동의	불명확	합계
正正正正 正正正正 正正一	正正正正 正一	正正正正 下	100번

'동의'가 나올 가능성

여러분이 예상한 횟수는 실험 결과와 비슷할까? 모든 바가지는 볼록한 면과 오목한 면이 있는데, 바가지를 던지면 동전을 던질 때와 마찬가지로 앞면과 뒷면이 나올 확률이 같다. 두 개의 바가지를 A, B로 표시하면, 바가지를 던진 결과는 총 4가지로 조합되며, 각 조합의 확률은 서로 같다.

1. A볼록, B볼록 (비동의)
2. A볼록, B오목 (동의)
3. A오목, B볼록 (동의)
4. A오목, B오목 (불명확)

이중 비동의는 첫 번째 경우로 그 확률은 $1 \div 4 = \frac{1}{4}$이다. 불명확은 네 번째 경우로 이 확률 역시 $\frac{1}{4}$이다. 동의인 경우는 두 번째와 세 번째 경우로 확률은 $2 \div 4 = \frac{1}{2}$이다. 바가지를 100번 던질 때 동의의 횟수는 이론상 $100 \times \frac{1}{2} = 50$회가 된다. 여러분의 기록은 이 숫자에 가까운가?

하지만 실제로는 좀 더 복잡하다. 바가지를 던져 신도가 신명을 청할 때 동의 또는 비동의가 나와야 유효한 결과이며, 불명확이 나오는 상황은 의미가 없으므로 반드시 다시 던져야 한다. 즉, 두 개의 오목한 면이 위로 향하면 다시 바가지를 던져 다른 세 가지 조합이 나와야 결과를 낼 수 있다. 다시 말해, 처음부터 끝까지 우리가 보고 싶은 결과는 네 가지 경우 중에 세 가지 경우뿐이다. 그래서 우리는 두 오목한 면이 위로 향하는 조합을 제외할 수 있고, 단지 세 가지 조합의 결과로 확률을 계산할 수 있다.

세 가지 조합 중 두 가지가 동의이고, 하나는 비동의이므로 동의에 대응하는 확률은 $\frac{2}{3}$, 비동의에 대응하는 확률은 $\frac{1}{3}$이다. 실험에서 100번 던질 때의 데이터를 가지고 계산해 보자. 이론상 동의는 50번, 비동의는 25번 출현한다.

동의와 비동의의 횟수를 합하면 50+25 = 75번

동의의 확률 = $50 \div 75 = \frac{2}{3}$

우리가 바가지를 던질 때, 불명확은 계산되지 않기 때문에 동의가 나오도록 던지는 확률은 $\frac{2}{3}$가 될 것이다. 이 결과가 약간 의외라고 생각되지 않는가?

우리는 생활 속에서 항상 직감으로 일의 가능성을 판단하지만,

직감이 반드시 진리일 필요는 없으며,

미리 예측하여 계산해 볼 필요가 있다.

이번 확률 실험에서 우리는 바가지를 던질 때 동의가 나오는 횟수가 비동의가 나타나는 것보다 더 많다는 것을 확인했다. 이런 결과는 우연의 일치일 수도, 선조의 지혜일 수도 있다. 다음에 기회가 된다면 긍정적인 방식으로 신에게 물어보자.

예를 들면, "제가 이번 시험을 통과할까요?"라고. 어쩌면 회답의 결과가 좋을지도 모른다. 결국 종교와 미신의 중요한 기능은 사람의 마음을 달래고 불안한 마음을 격려하는 것이니, 신자들이 질문을 하면 신이 긍정적인 답을 주는 확률이 조금 더 높아야 쉽게 마음을 위로할 수 있지 않을까 싶다.

뻗어나가기

도박의 학문?

확률에 관한 학문은 17세기에 그 기초를 다졌고 주사위 던지기, 룰렛 등 게임의 판돈 분배 문제를 해결하기 위해 위대한 학자 블레이즈 파스칼과 페르마가 이론을 제안했다.

확률은 0과 1 사이의 값으로 어떠한 사건이 발생할 가능성을 나타내며, 확률 0은 이 일이 일어나지 않는다는 것을 의미하고, 확률 1은 반드시 발생함을 나타내므로 확률 100%와 같다고 할 수 있다. 확률 90% 또한 발생 가능성이 높다고 말할 수 있으나 '반드시 발생'을

의미하지는 않는다. 비가 올 확률이 90%인 경우, 같은 기후 조건이 100회 발생할 때마다 90회 정도는 비가 오지만 비가 오지 않는 10회의 가능성도 있을 수 있다는 것을 의미한다.

더 생각해 보기

바가지 던지기의 확률과 관련된 것이 또 있을까? 화살을 통 안에 던져 넣는 게임도 해 보자. 화살이 통 안에 들어갈 행운과 들어가지 못할 불운은 같은 확률일까?

06

간단한 구구단의 법칙

구구단을 외우는 것은 수학공부에서 반드시 거쳐야 하는 관문이다.
구구단의 법칙을 찾고 또 풀어낼수록 더 쉽게 기억할 수 있고,
앞으로의 곱셈 계산이 더욱 쉬워진다!

37 X 46 = ?
37 + 37 + 37 + 37 + 37 + 37 + 37 + 37
+ 37 + 37 + 37 + 37 + 37 + 37 + 37 + 37
문제는... 바로 37+37+37+...
이런 식으로 46번 더하면 답이 나온다는
거지. 그러니까 답은 말이야...
육칠사십이, 육삼십팔,
사칠이십팔...
? ? ......
정답은 1702!
와우~
!!
너무 놀라진 마세요.
초등학생도 할 수 있는
문제라고요.
헤헷~

3×1=3, 3×2=6, 3×3=9, 3×4=12, … 이 익숙한 암송은 어린 시절부터 우리가 달달 외웠던 구구단이다. 아, 그럼 이 책에서 이걸 다시 외우는 걸까? 물론 아니다. 지금부터 구구단을 간단히 외우는 요령과 그 안에 들어 있는 재미있는 숫자 암호를 알려줄 것이다.

곱셈표는 인류 지혜의 결정체로써 이미 중국 춘추전국시대에 9×9 곱셈표를 노래로 엮어 암송했다고 전해진다. 곱셈표를 외우면 아주 많은 성가신 계산을 해야 할 때, 시간을 절약할 수 있다.

간단한 예로 오늘 수업시간에 조별 활동에서 우리 조가 이겨서 상으로 사탕을 받는다고 생각해 보자. 선생님이 책상 위에 있는 사탕통을 가리키며 "한 명이 4개의 사탕을 먹을 수 있어요."라고 했다. 조원은 6명인데 만약 당신이 4×6=24를 모른다면 4+4+4+4+4+4=24로 계산해야 한다. 덧셈으로 천천히 계산해서 마치 벌서는 것처럼 선생님 앞에서 손가락을 접었다 폈다를 반복하며 반나절 만에야 몇 개의 사탕을 가져가야 하는지 알아냈다면 정말 생각만으로도 답답하다. 덧셈이나 곱셈에 관계 없이 결국 같은 결과를 산출할 수 있지만, 곱셈을 이용하면 계산식을 단축할 수 있다.

수학적 방법은 우리가 연산을 더 편하고 정확하게 하도록 도와준다.

곱셈표의 수는 모두 한 자릿수이기 때문에 외우기가 편하다. 기억만 할 수 있다면 구구단을 기초로 여러 자릿수의 곱셈도 두렵지 않게 할 수 있다.

이제 곰곰이 생각해 보자. 여러분은 어떻게 구구단 표를 외웠을까? 첫 번째에서 81번째까지 외웠나? 혹시 그중에 중복되는 항을 발견하였나? 그중 몇 개만 외우면 나머지 몇 개는 사실 외우지 않아도 된다. 예를 들면, 4×6=24의 경우 곱셈의 교환법칙에 따라 6×4=24이다. 중국 고대의 곱셈표는 '대구구'와 '소구구' 두 종류로 나누는데, 대구구는 9×9=81개의 곱셈을 기재, 소구구는 교환법칙을 적용하여 45개의 곱셈만 표시했다.

숫자의 법칙이 숨겨진 표

작은 기교를 쓰면 곱셈표를 아주 쉽게 외울 수 있다. 우선 표를 잊어야 한다. 여러분이 어렸을 때 외운 구구단은 항상 아홉 개의 작은 표로 나타내곤 했다.

이번 실험에서는 구구단 표를 하나의 큰 표로 통일하여 사용하도록 하는데 이 표를 이용하면 한 번에 전체 81가지의 곱셈을 나타낼 수 있다. 더 좋은 것은 한 칸 한 칸을 억지로 외울 필요가 없다는 것이다. 규칙에 맞는 칸을 찾아 색을 칠하고 곱셈표에서 숫자의 법칙을 함께 살펴본 후, 마지막에 몇 개의 하얀 칸이 남으면 그것만 외우면 된다!

1. 아래 그림과 같은 곱셈표를 그려서 맨 윗줄 숫자와 맨 왼쪽 줄의 숫자를 나타내는 두 숫자를 곱한 결과를 해당 칸에 쓴다.

예를 들어 6×8 = 48　8×6 = 48

	1	2	3	4	5	6	7	8	9
1	1	2	3	4	5	6	7	8	9
2	2	4	6	8	10	12	14	16	18
3	3	6	9	12	15	18	21	24	27
4	4	8	12	16	20	24	28	32	36
5	5	10	15	20	25	30	35	40	45
6	6	12	18	24	30	36	42	48	54
7	7	14	21	28	35	42	49	56	63
8	8	16	24	32	40	48	56	64	72
9	9	18	27	36	45	54	63	72	81

2. 표의 오른쪽 상단에 있는 숫자와 왼쪽 하단의 숫자가 동일한 것을 확인하자. 이는 곱셈의 교환법칙이 성립하기 때문이다. 오른쪽 상단에 반복되는 숫자를 색칠한다.

	1	2	3	4	5	6	7	8	9
1	1	2	3	4	5	6	7	8	9
2	2	4	6	8	10	12	14	16	18
3	3	6	9	12	15	18	21	24	27
4	4	8	12	16	20	24	28	32	36
5	5	10	15	20	25	30	35	40	45
6	6	12	18	24	30	36	42	48	54
7	7	14	21	28	35	42	49	56	63
8	8	16	24	32	40	48	56	64	72
9	9	18	27	36	45	54	63	72	81

3. 1열은 1의 곱셈으로 1부터 9까지이다. 마지막 열은 9의 곱셈으로, 법칙은 '십의 자릿수는 0에서 8까지, 일의 자릿수는 9에서 1까지'이다. 이 두 줄은 딱딱하게 외우지 않아도 되며, 모두 색칠한다.

	1	2	3	4	5	6	7	8	9
1	1	2	3	4	5	6	7	8	9
2	2	4	6	8	10	12	14	16	18
3	3	6	9	12	15	18	21	24	27
4	4	8	12	16	20	24	28	32	36
5	5	10	15	20	25	30	35	40	45
6	6	12	18	24	30	36	42	48	54
7	7	14	21	28	35	42	49	56	63
8	8	16	24	32	40	48	56	64	72
9	9	18	27	36	45	54	63	72	81

4. 가운데의 5번째 열과 5번째 행은 5의 곱셈으로, 법칙은 '일의 자릿수는 5와 0이 번갈아 나타나며, 십의 자릿수는 1, 1, 2, 2, 3, 3, 4, 4'이기 때문에 억지로 외우지 않고 색깔을 칠할 수 있다.

	1	2	3	4	5	6	7	8	9
1	1	2	3	4	5	6	7	8	9
2	2	4	6	8	10	12	14	16	18
3	3	6	9	12	15	18	21	24	27
4	4	8	12	16	20	24	28	32	36
5	5	10	15	20	25	30	35	40	45
6	6	12	18	24	30	36	42	48	54
7	7	14	21	28	35	42	49	56	63
8	8	16	24	32	40	48	56	64	72
9	9	18	27	36	45	54	63	72	81

9×9 곱셈표

색칠을 다하고 나니 구구단 표가 훨씬 단순하게 느껴지지 않는가? 실험에서 그려진 큰 표는 연산 기호가 생략되고 간결한 숫자만 남아, 표 안의 숫자 배열 법칙을 쉽게 관찰할 수 있어 구구단을 어려움 없이 외울 수 있다. 앞의 두 단계에서 8×6=6×8을 알 수 있는데, 이는 곱셈의 교환법칙이다. 6×8은 가로 6행의 8번째 칸에 있는 숫자이므로 48은 바로 6행의 3번째 칸과 5번째 칸의 숫자를 더한 결과(18+30=48)라는 것도 관찰할 수 있다. 여러분도 다른 숫자의 곱셈에서 이런 관계를 확인할 수 있다.

9와 관련된 곱셈 법칙을 살펴보자. 9는 (10-1)로 볼 수 있으므로 계산식은 다음과 같다.

$$9\times1 = (10\times1) - (1\times1) = 0 + (10-1) = 9$$
$$9\times2 = (10\times2) - (1\times2) = 10\times1 + (10-2) = 10+8$$
$$9\times3 = (10\times3) - (1\times3) = 10\times2 + (10-3) = 20+7$$
$$9\times4 = (10\times4) - (1\times4) = 10\times3 + (10-4) = 30+6$$

결국 규칙은 '십의 자리 숫자는 차례대로 1을 더하고 일의 자리 숫자는 차례대로 1을 뺀다.'이다. 또는 아래와 같이 계산해도 더 간단하게 구할 수 있다.

9×1 = 10-1 = 9

9×2 = 20-2 = 18

9×3 = 30-3 = 27

9×4 = 40-4 = 36

5의 곱셈은 배수의 꼴 5, 10, 15, 20의 법칙을 나타낸다. 이 외에도 표에서 더 많은 법칙을 끄집어낼 수 있다. 예를 들어 2번째 열 2의 곱셈을 보자.

6번째 칸 : 6×2=12=2+10=1번째 칸+5번째 칸

7번째 칸 : 7×2=14=4+10=2번째 칸+5번째 칸

8번째 칸 : 8×2=16=6+10=3번째 칸+5번째 칸

9번째 칸 : 9×2=18=8+10=4번째 칸+5번째 칸

이 네 칸의 숫자는 앞 네 칸의 숫자를 각각 5번째 칸의 숫자와 더한 것이다. 5번째 칸은 10이기 때문에 기억하기 쉽다. 다른 짝수 열도 마찬가지로 유사한 규칙이 있는데 앞 5칸의 숫자를 알기만 하면 규칙으로 기억하기 쉽다.

수학은 단지 계산에만 몰두하는 것이 아니라,

사고가 법칙을 만드는 이유를 알 수 있도록 한다!

곱셈표를 외울 때 숫자 사이에 존재하는 법칙을 관찰하면, 우리가 암기할 때 잠재의식에서 약간의 법칙을 알아채고 기억하는 데에 활용할 수 있다. 이제, 이 법칙을 이해하게 되어 곱셈의 연산이 더욱 명백해졌다.

오랜 역사를 가진 곱셈표

규칙의 유래와 곱셈표를 잘 이해하면 암기가 더 쉬워진다. 곱셈표는 곱셈 계산을 빨리할 수 있도록 도와주는데, 오랜 옛날부터 사용되어 왔다.

우리가 지금 외우고 있는 곱셈표는 유구한 역사를 가지고 있다. 이미 2천여 년 전 중국의 춘추전국시대에 구구단 표가 등장하였다. 한나라 접경 지역에는 구구표九九表라고 적힌 죽간竹簡(2세기 초엽에 종이가 발명되기 전까지 가장 많이 사용된 서사재료. 종이 이전의 종이라고 할 수 있다)이 많이 출토되었는데, 사학에서는 당시 병사들이 기본적인 계산 능력을 갖추어야 승진 기회가 있었고 곱셈표를 배운 것은 이러한 능력을 갖춘 것으로 추정하고 있다. 시대별로 9×9 곱셈표의 형태는

다르다. 한漢대에는 지금과는 반대로 9×9=81부터 거꾸로 시작하여 1×1=1까지, 송宋대에 이르러서는 지금과 같은 순서로 암송하는 식으로 전해졌다.

더 생각해 보기

9×9 곱셈표에서 어떤 특성을 더 발견할 수 있을지 생각해 보자.
쭉 늘어선 열의 끝 숫자를 더하면 어떤 숫자를 얻을 수 있을까?

1
1. 一元復始
3. 三陽開泰
5. 五福臨門
7. 七星高照
9. 長長久久
11. 百業興旺
13. 萬馬奔騰
2
2. 兩全其美
3. 三陽開泰
6. 六六大順
7. 七星高照
10. 十全十美
11. 百業興旺
3
4. 四季平安
5. 五福臨門
6. 六六大順
7. 七星高照
13. 萬馬奔騰

07

숫자 덕담

"부자 되시고 원하는 일 모두 이루세요!"
좋은 기운이 가득한 기쁨이 넘치는 덕담은
누구나 즐겨 말하고 듣는다.
마음속의 덕담을 알아맞히는 방법을 알아보자!

오늘 학교에 수학교과서를 깜빡하고 안 가져갔지 뭐예요. 선생님께서 하나, 둘, 다섯, 여섯을 말하며 저를 부르시고는 서 있는 벌을 서게 하셨죠.
123 456 ?
컹?
수업시간 내내 제 마음은 8분의 7…을 되뇌이고 있었어요.
7/8 ? ?
아~
수업이 끝나자마자 저는 친구들과 555, 555, 555, 운동장으로 뛰어가서 놀았어요!
? ? …… ?
컹!
츠엉!
말을 하려면 똑바로 해야지. 무엇을 위해 7 나누기 2를 하나요? 정말 2266!

여러분은 덕담에 익숙한가? 해마다 특별한 때가 되면 중국인들은 덕담을 즐기고 덕담을 퀴즈에 활용하기도 하는데, 바로 음력 새해의 모습이다.

나는 음력설을 매우 좋아한다. 어릴 때 설날이면 며칠에 걸쳐 집안 대청소를 하고 복이 온다는 덕담 문구를 대문에 붙이곤 했다.

또한 아버지께서는 선조의 지혜를 말씀해 주셨는데 나는 꽤 흥미롭게 들었다. 정월 대보름의 수수께끼는 굉장히 창의적이어서 모두들 문제를 빤히 들여다보며 정답을 외쳤다. 답이 밝혀지면, '오!', '맞아!' 하는 소리가 여기저기서 나왔다. 그중 몇몇 수수께끼는 숫자와 관련이 있었다. 예를 들어 '2468'은 '무독유우無獨有遇(하나만 있는 것이 아니라 그 짝이 있다)'를 의미한다. 왜냐하면 2, 4, 6, 8은 모두 짝을 이루는 짝수이기 때문이다.

설날은 이와 같이 순리가 잘 통하고 경사스럽고 교묘한 생각이 가득한 명절이다. 이번 단원에서는 함께 기발한 아이디어를 발휘하여 '이진법'을 응용한 도구를 설계하려고 한다. 여러분은 이를 이용해 사람들 앞에서 선보여 그들이 마음속으로 하고 싶은 말을 알아맞힐 수도 있을 것이다.

이진법 수를 알아보자

본 실험에 앞서, 먼저 이진수의 개념을 간단히 소개하려고 한다.

이진수는 컴퓨터가 수치를 나타내는 방법으로 컴퓨터에서 1은 켜짐(열림), 0은 꺼짐(닫힘)으로 생각할 수 있다. 각각의 값에 대해 컴퓨터는 이진수로 표시한다.

예를 들어, 13은 13=8×1+4×1+2×0+1×1이므로 컴퓨터에서 1101로 표현된다. 이 수는 '디지털 스위치'를 사용한 것으로 이해할 수 있는데, 가장 왼쪽 두 개의 1은 각각 '8'과 '4'라는 두 개의 스위치가 열리고 가장 오른쪽의 1은 '1'이라는 스위치가 열림을 나타낸다. 나머지 0은 '2'라는 스위치가 닫힌 것으로 '없음'을 의미한다. 다시 말해 컴퓨터는 1, 2, 4, 8이라는 몇 개의 숫자로 값을 채울 수 있다. 어떤 수는 쓰이고, 어떤 수는 쓰이지 않는지에 따라 대응하는 위치를 0과 1로 표시하는데 이것이 바로 이진수이다.

십진수를 이진수로 바꾸기								
십진수	1	2	3	4	5	6	7	8
이진수	0001	0010	0011	0100	0101	0110	0111	1000
십진수	9	10	11	12	13	14	15	
이진수	1001	1010	1011	1100	1101	1110	1111	

위의 표는 1에서부터 15까지의 십진수와 이진수의 대조표로써 계산으로 직접 확인할 수 있다. 이어서 이 표를 참고하여 실험을 진행해 보자.

1. 먼저 덕담 15구[句]를 생각하여 각각에 번호 1~15를 붙인다. 다음으로 카드 4장을 만들어 아래 지시된 번호에 따라 덕담을 쓴다.

첫 번째 카드 : 1, 3, 5, 7, 9, 11, 13, 15번
두 번째 카드 : 2, 3, 6, 7, 10, 11, 14, 15번
세 번째 카드 : 4, 5, 6, 7, 12, 13, 14, 15번
네 번째 카드 : 8, 9, 10, 11, 12, 13, 14, 15번

여기서는 숫자와 관련된 덕담을 사용한다.

1번: 일원복시(一元復始)
2번: 양전기미(兩全其美)
3번: 삼양개태(三陽開泰)
4번: 사계평안(四季平安)
5번: 오복임문(五福臨門)
6번: 육육대순(六六大順)
7번: 칠성고조(七星高照)
8번: 팔방래재(八方來財)
9번: 장장구구(長長九九)
10번: 십전십미(十全十美)
11번: 백업흥왕(百業興旺)
12번: 천사길상(千事吉祥)
13번: 만마분등(萬馬奔騰)
14번: 사사여의(事事如意)
15번: 설조풍년(雪兆豐年)

2. 카드를 보여주면서 다음의 카드와 숫자의 대응 관계를 기억한다.

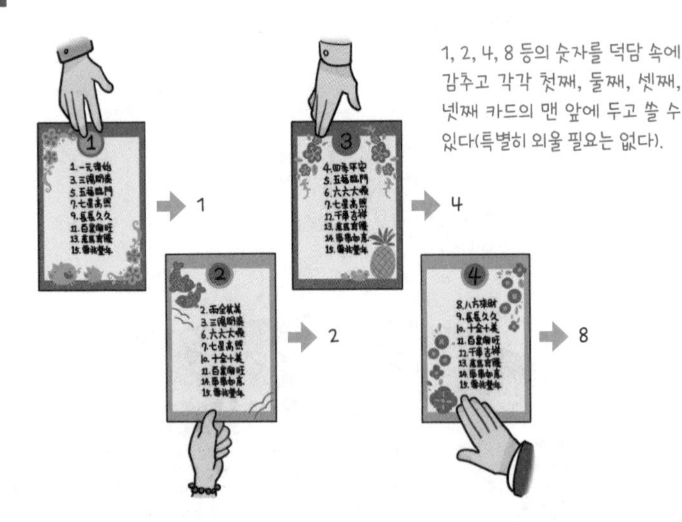

3. 가족, 친구에게 카드에 적힌 덕담 하나를 선택하도록 하되 말하지 말고, 그 덕담이 어느 카드에서 나왔는지 알려준다. 상대방이 지목한 카드와 대응하는 숫자를 더하여 얻은 답이 바로 상대방이 마음에 품고 있는 덕담의 번호다.

덕담이 첫 번째와 네 번째 카드에만 등장하면 1+8=9이므로,
9번 덕담 : 장장구구(長長九九) 즉, '오랫동안'이라는 뜻이다.
만약 덕담이 모든 카드에 나타나면 1+2+4+8=15이므로,
15번 덕담 : 설조풍년(雪兆豐年) 즉, '눈은 풍년의 징조'이다.

추측은 일리가 있다!

여러분은 아마도 이 실험의 원리를 이미 알아차렸을 것이다. 주어진 네 장의 카드는 마치 컴퓨터 안의 네 개의 스위치와 같다. 상대방은 여러분의 덕담이 이 네 장의 카드에 나타나느냐고 묻는다. 그래서 '1, 2, 4, 8을 의미하는 스위치가 각각 켜져 있는지 없는지'를 알려 준다. 각 스위치의 상황을 알면 이 숫자가 이진수로 어떤 모습인지 알 수 있고, 다시 이진수를 십진수로 바꾸면 덕담의 번호를 알 수 있다.

동일한 숫자라도 평소 사용하는 십진수 표기법이 아닌
이진수로 나타낼 수 있다.

어떻게 이 네 장의 카드는 '이진수 디지털 스위치의 상태'를 우리에게 알려줄 수 있을까? 관건은 덕담 번호에 있다. 각각의 덕담이 쓰여있는 카드의 숫자, 각 카드에 덕담을 배정한 이유가 있다. 이는 결코 임의로 적은 것이 아니며 위의 두 번째 카드의 경우, 덕담의 번호는 2(이진수 0010), 3(0011), 6(0110), 7(0111) 10(1010), 11(1011), 14(1110), 15(1111)이다.

이 몇 개의 숫자를 이진수로 변환할 때 공통점이 있다. 그 카드에 적힌 덕담도 똑같이 배치되어 있으므로 상대방에게 덕담이 어느 카드에 나타나는지 물으면 이 번호가 이진수로 바뀐 후, 각 자리 숫자가 0 또는 1이 되므로 번호 자체를 다르게 표현할 수 있다.

수학 마술사라면 먼저 규칙을 정하고, 상대방이 아무리 덕담을 마음대로 선택한다고 하더라도 나타나는 위치는 여러분의 규칙에 들어맞게 된다. 뒤의 연산을 알기 때문에 이 숫자들이 연관되어 있다는 것을 알 수 있고, 헛짚을 필요 없이 정답을 낼 수 있다.

네 장의 카드로 게임을 하면 15개의 숫자를 추측할 수 있고, 더 많은 카드를 사용하면 상대방이 생각하는 숫자를 더 많은 숫자에서 알아맞히는 마술이 된다.

생각해 보면, 두 장의 카드로 세 숫자 1, 2, 3을 맞출 수 있는데 이는 이진수 01, 10, 11에 해당한다. 세 장의 카드로는 1~7까지 맞힐 수 있고, 네 장의 카드를 이용하여 1~15까지 맞힐 수 있는데 여기에서 법칙은 무엇일까?

두 장의 카드, 2×2-1=3개의 숫자를 맞힐 수 있다.

세 장의 카드, 2×2×2-1=7개의 숫자를 맞힐 수 있다.

네 장의 카드, 2×2×2×2-1=15개의 숫자를 맞힐 수 있다.

카드가 한 장씩 많아질수록 이진수 자리가 하나씩 늘어나므로 표시할 수 있는 수의 개수는 2배가 된다. 하지만 0인 경우를 제외해야 하므로 전체 개수에서 1을 뺀 값이 되는 것이다.

숫자를 다른 사람이 알아볼 수 없는 것처럼 꾸밀 수 있는 이진수를 익혀 신기한 '마음 맞추기 마술'을 가족 모임에서 선보여 보자!

뻗어나가기

또 어떤 진수가 있을까?

우리는 평소에 어떻게 자릿값을 계산했는지 생각해 보자.

0에서 9까지 10을 세면 왼쪽의 십의 자리 수에 '올림'하여 십의 자리 수에 1을 더하고, 십의 자리 수가 10이 되면 백의 자리 수에 1을 더한다. 0~9라는 10개의 숫자만 사용해도 크기(숫자)를 표현할 수 있는데, 이것이 십진수이며 십진법의 수라고도 한다. 같은 방법으로 이진수는 0과 1이라는 숫자만 사용한다.

이 외에도 몇몇 분야에서는 계산에 8진법, 16진법이 쓰인다. 8진법은 0에서 7까지 총 8개의 숫자를 사용하지만, 16진법은 16개의 숫자를 사용해야 한다. 어떻게 해야 할까? 0에서 9까지 및 A에서 F

까지를 포함한 영문자를 빌려 올 수밖에 없다. 12진법이나 20진법은 어떻게 표현할까? 다시 생각해 보면 시계는 몇 진법일까? 몇 초면 다시 돌아갈까? 몇 분은 몇 시간 진수로 표시될까?

더 생각해 보기

15까지의 숫자를 이용하여 네 장의 카드로 열두 별자리 맞히기 등의 게임을 할 수 있다. 그렇다면 5장의 카드로 할 수 있는 게임은 어떤 것이 있을지 생각해 보자.

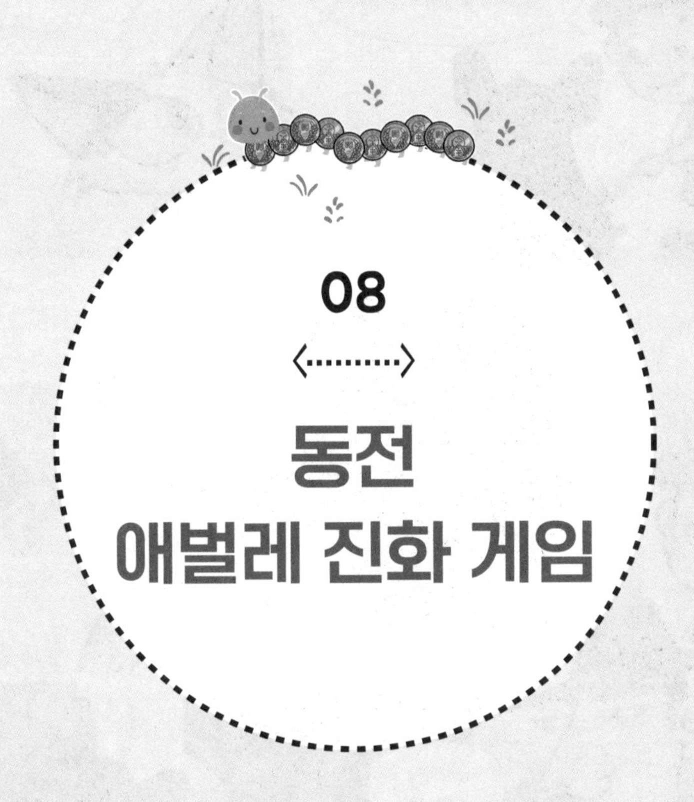

08

동전 애벌레 진화 게임

진화는 생태계 변천의 원동력이다.
이번에는 복잡한 계산이 없는
쉬운 게임으로 진화를 알아보자!

오늘 선생님은 동물의 색깔이 갑자기 변하는 경우를 설명해 주셨어. 주변 환경과 비슷한 색으로 변해 천적에게 잘 들키지 않는대…

천적? 누구 얘기야?

이렇게 하면 진화 성공!

어리 ?? 둥절

밥이나 먹어 !

히잉 !

진화는 그렇게 간단하지가 않아! 이번에 너의 천적이 너를 발견했구나! 끙끙!

훌쩍……

힝……

잡아 !

19세기 영국 과학자 다윈은 100여 년 전에 인간이 어디에서 왔는지, 그리고 이 세상에 다양한 생물이 존재하는 이유에 대한 진화론을 제시하여 사람들의 생각에 중대한 영향을 끼쳤다. '물경천택, 적자생존'은 다름 아닌 다윈이 제시한 진화 개념으로, 생물은 대대로 진화하여 환경에 적응하고, 살아남기에 부적합한 생물은 도태하며 시간의 흐름에 따라 그 특징이 서서히 변화한다는 것을 말한다.

무슨 뜻일까? 애벌레를 예로 들어 설명해 보자. 이 세상 어딘가에 검은 세상이 있고 애벌레들은 몸 안에 검은 유전자가 있어 검은색으로 자란다고 가정하자. 그런데 어떤 지역의 환경은 불행히도 순백색이고 검은색은 백색 환경에서 뚜렷하게 눈에 띄기 때문에 검은 애벌레는 매 순간 부단히 잘 피하지 않으면 새들에게 발견되어 잡히기 쉽다. 애벌레가 자랄수록, 마땅한 곳을 찾지 못하고 숨어 있다가 새들에게 잡혀가는 경우가 적지 않았다.

그러던 어느 날 애벌레 한 마리가 태어났는데, 뜻밖에도 약간 잿빛으로 태어났다. 알고 보니 검은 유전자가 변해 하얀색으로 변해 있었다. 원래 많던 검은 색소에 약간의 백색 색소가 더해져 애벌레의 색을 덜 검게 만들고, 검은 애벌레에 비해 눈에 잘 띄지 않아 천적의 추적을 피하기 쉬웠다. 이로 인해 회색 애벌레는 순탄하게 성장하여 백색 유전자를 후대에 전달하게 되었다. 이후, 그다음 세대도 모두 약간의 잿빛을 띠어 검은 애벌레보다 천적으로부터 안전할 수 있었다.

이렇게 또 몇 세대가 지나면서 돌연변이가 다시 발생하여 회색 개체의 일부 검은색 유전자가 다시 백색 유전자로 돌변했고 털 색깔을 더욱 옅게 하여 백색 환경에 더 잘 적응하게 되었다. 색이 짙은 애벌레는 백색 환경에서 눈에 잘 띄고 잡히기 쉬웠지만 색이 옅은 애벌레는 주어진 환경에 몸을 잘 숨겨서 쉽게 살아남은 것이다. 이후 여러 번의 돌연변이를 거치면서 남아 있는 애벌레의 빛깔은 점점 더 옅어지게 되었고, 결국 환경과 동일한 흰색이 되어버렸다.

애벌레 진화 게임

애벌레 진화 게임을 실험을 통해 더 직접적으로 살펴보자.

동전 여섯 개를 애벌레로 배열한다. 이때 동전 하나하나는 애벌레의 한마디를 의미한다. 동전의 앞뒷면은 다른 특징을 나타내며 숫자 1과 0으로 쓴다. 주사위를 던져 애벌레의 돌연변이의 운명을 결정한다. 목표는 숫자가 클수록 애벌레 점수가 높으며 이상적인 애벌레에 가까워지는 것이다.

예를 들어, 101010으로 자라는 애벌레가 있다고 하자. 애벌레는 자기와 같은 형태로 번식할 수 있는데 진화하여 0이 1이 되거나 도태되어 1이 0이 될 수도 있다. 1점씩 계산하여 가장 점수가 높은 애벌레만 계속 살게 하고 다음 세대를 번식시킨다. 몇 세대를 반복하면 할수록 애벌레의 점수는 높아진다. 가족, 친구들과 함께 누구의 애벌레가 가장 빨리 이상적인 진화를 하는지 알아보자.

1. 먼저 동전을 격자종이에 놓고 시작한다. 앞면은 1, 뒷면은 0을 의미하며 1세대 애벌레는 101010이다.

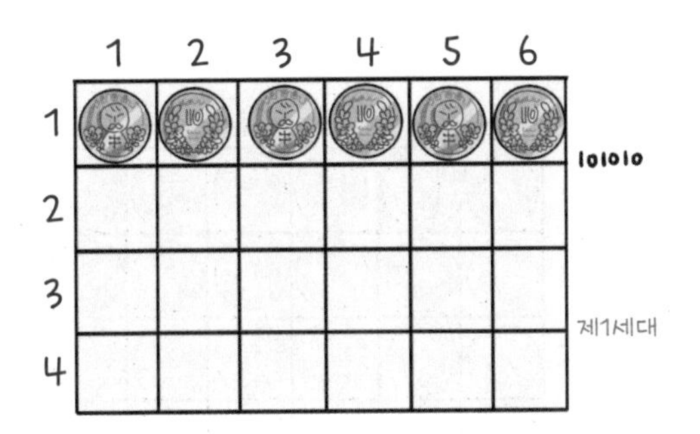

2. 각 세대마다 4마리의 애벌레가 생기며, 1마리는 이전 세대와 같고, 나머지 3마리는 돌연변이를 일으킨다. 먼저 1세대와 같은 애벌레 4마리를 배열한다.

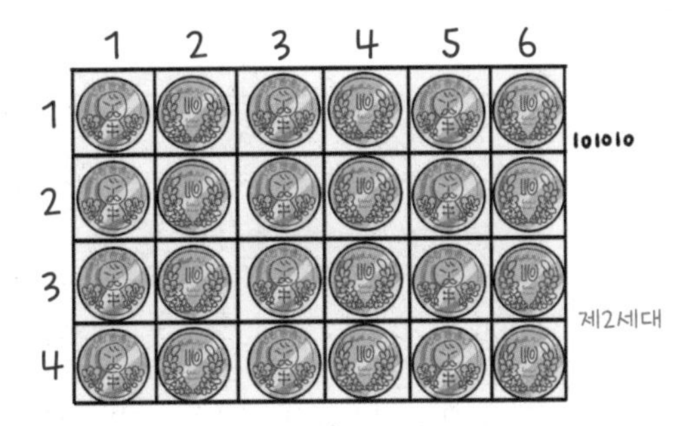

3. 주사위를 던져 돌연변이가 발생하는 위치를 결정하고 점수에 따라 해당 위치에 있는 동전을 뒤집는다. 예를 들어 2점을 던지면 101010을 11010으로 뒤집는다.

4. 주사위를 세 번 던졌을 때, 애벌레 3마리의 돌연변이를 각각 구분한다. 애벌레 1마리당 1점씩 점수를 매긴다.

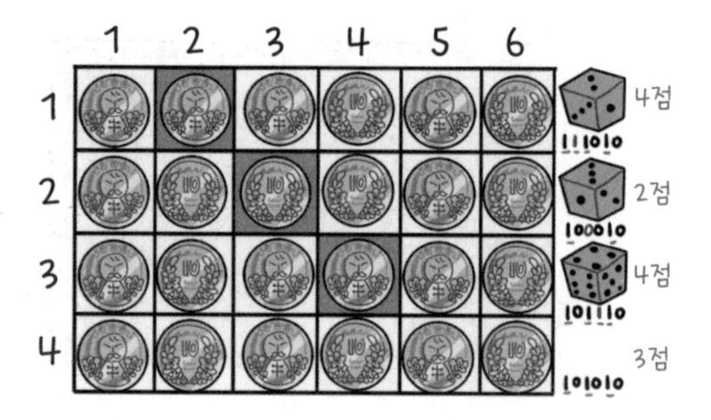

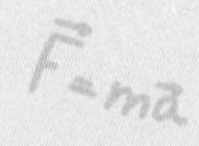

5. 가장 높은 점수의 애벌레를 보존하며, 동점이면 그중 한 마리를 선택하여 다음 번식을 진행한다. 나머지는 도태된다.

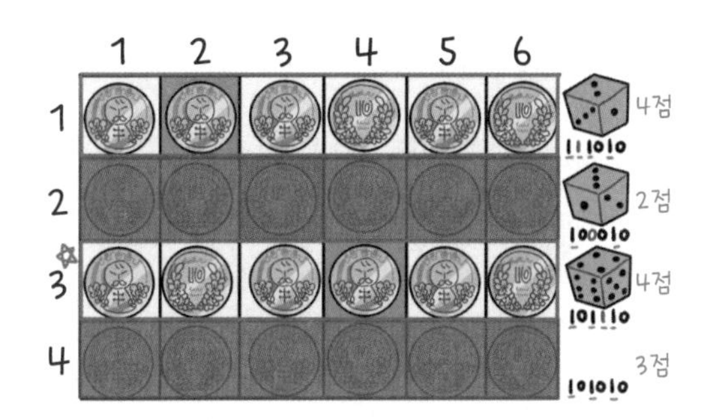

첫 번째, 세 번째가 모두 최고점수이고, 세 번째를 선택하여 계속 번식시킨다.

6. 2세대부터 번식을 시작하여 같은 규칙으로 돌연변이를 발생시켜 6세대까지 게임을 한다.

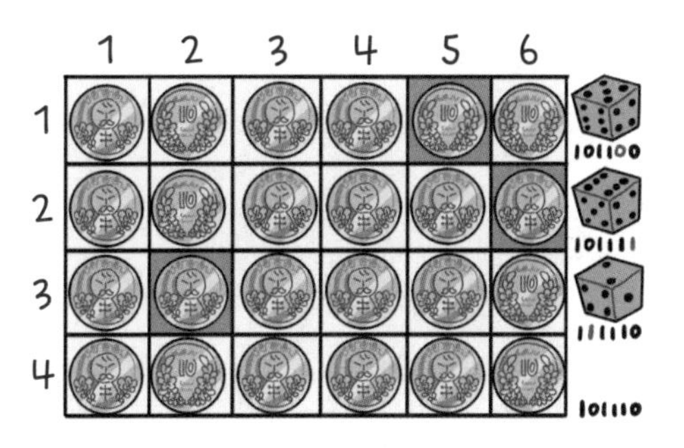

3세대 애벌레의 돌연변이 결과

게임을 6세대 돌연변이까지 진행했을 때 최고점은 몇 점인가? 점수는 점점 커질까? 세대별 점수가 오르락내리락할까? 탈락 메커니즘이 있어 가장 높은 점수의 애벌레만 살아남기 때문에 남는 세대가 많을수록 점수가 높아져야 한다. 만약 매번 진화하는 순간마다 동전 하나를 뒤집어서 0을 1로 만들어버린다면, 나중에 6점짜리의 이상적인 애벌레로 빠르게 진화하는데 몇 세대가 걸릴까?

생각해 보자. 1세대의 101010에는 3개의 0이 있다. 번식하여 2세대에는 돌연변이가 일어나 2개의 0이 남는다. 3세대가 되면 1개의 0이, 4세대가 되면 111111가 된다.

확률을 계산해 보자. 애벌레는 원래 6개의 마디에 0, 1이 각각 3개씩 있다. 2세대에 0이 1로, 1이 0이 되는 확률은 각각 $\frac{1}{2}$이다. 동전을 연속해서 3번 던진다고 할 때 공교롭게도 3번 모두 1이 0으로 바뀔 확률은,

$$\frac{1}{2}\times\frac{1}{2}\times\frac{1}{2}=\frac{1}{8}$$

적어도 하나가 0이 1로 바뀔 확률은,

$$1-\frac{1}{8}=\frac{7}{8}\text{이다.}$$

3세대 애벌레가 5점이 될 확률, 4세대 애벌레가 6점이 될 확률도 이어서 직접 계산할 수 있다. 이상적인 애벌레를 2세대부터 4세대까지 순조롭게 진화시킬 수 있는 확률을 계산해 보자.

우리는 1과 0을 색에 관한 유전자 즉, 0은 검은색, 1은 흰색이라고 상상할 수 있다. 높은 점수를 얻은 옅은 색의 애벌레가 잘 살아남는데, 111111의 이상적인 애벌레가 바로 백색 환경과 같은 색으로 진화된 애벌레이다. 물론 자연에서 돌연변이의 확률은 훨씬 적고 진화도 훨씬 오래 걸린다. 이번 실험은 진화의 개념을 빠르게 파악할 수 있도록 돌연변이의 확률을 크게 설정했다.

수학을 응용하여 생물 개념을 보다 조리 있고
이해하기 쉽게 만들 수 있다.

진정한 진화 과정은 훨씬 더 복잡하다. 과학자들은 더 많은 수학적 도구를 사용하여 진화를 보여주고 여러 가지 다른 분석을 할 수 있다. 재미있는 것은 생활 곳곳에서 수학의 흔적을 발굴할 수 있다는 것이다. 게임에서도 수학을 사용할 수 있다.

뻗어나가기

진화란?

진화의 발생에는 몇 가지 요인이 있다.

1. 같은 종족의 개체 간 생장의 차이가 존재하는데 이를 개체 차이라고 한다.
2. 환경 조건이 허락된 경우, 종족이 과도하게 번식할 수 있다.
3. 지나친 번식으로 인해 같은 종족의 개체 간 또는 종족 간에 자원경쟁이 발생한다.
4. 환경 조건에 비교적 적합한 개체가 생장과 생존에 유리하며, 후대를 번식할 기회가 많다(적자생존).

마지막으로 중요한 것은 시간적 요소가 더해져야 한다는 점이다. 애벌레의 예로 볼 때 개인차는 색깔이다. 애벌레의 수가 증가하면 환경적 요인이 작용하는데, 색이 옅은 애벌레는 적응을 잘하기 때문에 살아남고 색이 짙은 것은 도태된다. 이 과정은 시간이 매우 많이 걸리며 애벌레는 오랜 시간 후에 점점 검은색에서 흰색으로 진화할 수 있다.

더 생각해 보기

한 번에 애벌레 한 마리만 돌연변이가 되도록 게임을 수정하면 진화가 더 잘 이루어질까? 또는 잘 안 될까?

한 문제를 다양한 풀이로 푸는 것의 가치

하나의 문제에는 서로 다른 여러 가지 모습이 담겨 있다.
내가 풀어본 문제가 특별히 많은 것은 아니지만,
문제마다 시도한 '해법'은 다른 사람들보다 훨씬 많다.

어린 시절, 어떤 수학 문제가 굉장히 인상 깊었다. 그 문제를 완벽하게 묘사할 정도로는 기억하지 못하지만, 단지 좀 이상한 불규칙한 다각형 문제로 그것의 면적을 계산하라는 것이었다. 당시 나는 중학생이었는데 그 문제를 반나절 동안 뚫어져라 응시하며 어떻게 풀 수 있을지 한참을 고민하고 다양한 방법으로 계산해 보았다. 하지만 답을 낼 수 없었다. 나는 수학 문제를 풀 때만큼은 비교적 인내심 있는 사람이었다. 그래서 오랫동안 이 문제에 도전했고, 갖은 방법을 다 써가며 시도했지만 모두 실패로 끝났다.

나중에 선생님은 이 다각형 위에 좌표축을 가볍게 그리고 다각형

을 직각이 있는 네 개의 작은 다각형으로 분할하는 해법을 알려주셨다. 그러자 나는 어떻게 풀어야 할지 금방 알아차릴 수 있었다. 작은 다각형 내부에 보조선을 더 그으면 계산하기 편한 삼각형으로 더 많이 분할되었다. 견고해 보이던 문제가 십자 좌표축을 그리자마자 가벼운 문제로 다가왔다.

지금 생각해 보면 그 문제가 인상 깊었던 이유가 문제 때문이 아니라 문제 풀이 방법에 대한 충격 때문이었던 것 같다. 알고 보니 오랫동안 나를 옥죄던 문제가 이렇게 간단한 해법이 있었던 것이다. '나는 그렇게 오랫동안 생각했는데 왜 이런 방법을 생각해내지 못했을까?'

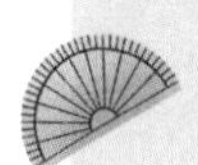

더 좋은 해법이 있을까?

이때의 경험으로 나는 문제를 풀 때, '다른 해법은 없을까?'라며 자문해 보곤 한다. 평소 나는 매우 부주의하고, 검산할 때 계산 착오를 범하거나, 같은 내용을 반복적으로 잘못 보기도 하기 때문이다. 빠른 해법이 떠오르면 시험을 볼 때도 큰 도움이 된다. 시험은 어떻게 보면 주어진 시간에 치러지는 경기와 같은 것으로, 누가 일정 시간 안에 가장 많은 문제를 푸는지를 겨루는 것이다.

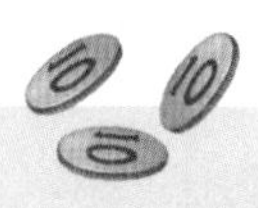

$6 \times 6 = 6+6+6+6+6+6$

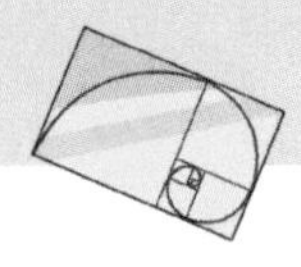

한편, 나의 마음속에는 나도 '멋진 해법'을 생각해내는 사람이 되고 싶었다.

수학 문제 하나를 맞힐 수 있는 사람은 많다.
마치 일반적인 일을 할 수 있는 사람이 많은 것처럼 말이다.
하지만 다양한 해법으로 잘하는 사람은 그렇게 많지 않다.

그래서 나는 문제를 다 풀고 나면 두 번째, 세 번째 해법이 있는지 다시 곰곰이 생각하는 편이다. 많은 책에서 문제 A를 a해법으로, 문제 B는 b해법으로, 문제 C는 c공식을 이용할 수 있도록 알려준다. 하지만 나는 해법 a로 문제 B, C를 풀 수 있는지를 시도하게 되었다. 비록 해법을 다른 관점에서 보는 것이 그렇게 빠르지 않고 먼 길을 돌아가서 내가 기대하는 해법으로 정리되지는 않았지만, 의외의 수확들이 있곤 했다.

어떻게 말해야 할까. 이것은 마치 각기 다양한 모습으로 친구들 또는 가족과 어울리는 것과 같다. 모든 모습은 우리의 일부이고, 우리가 한 사람과 오랜 시간 지낼 때, 그 사람의 모습을 충분히 보고 난 후에야 비로소 그 사람을 제대로 안다고 말할 수 있는 것과 같다.

수학 연습곡

하나의 문제는 사실 여러 모습을 지니고 있다. 따라서 여러 해법에 맞춰 풀면 시간은 많이 걸리겠지만 답은 낼 수 있다. 그런데 정형화되지 않은 풀이를 이용하는 경우, 해법은 멋져 보일 수 있지만 이런 해법을 자유자재로 적절하게 활용하기는 힘이 들며 세세한 부분까지 기억해야 한다.

대수 문제는 관점을 바꾸면 기하 문제가 되기도 한다. 그리고 난해한 기하문제를 좌표평면 위에 놓고 잠시 생각하면 해법이 갑자기 떠오르기도 한다.

『어떻게 공부할까』의 저자 바바라 오클리Barbara Oakley는 강연에서 다음과 같이 말했다.

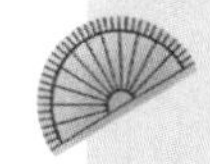

여러분이 문제를 풀 때
한 번으로 끝내고 그 문제를 외면해서는 안 된다.
한 번 노래를 불렀을 뿐인데
어떻게 불렀는지 영원히 기억할 수 있을까?
당연히 아니다!

$6 \times 6 = 6+6+6+6+6+6$

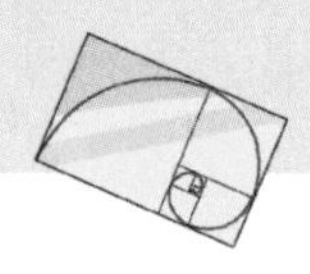

어릴 때는 이와 같은 조언을 들어도 크게 느끼지 못했던 거 같다. 그렇다. 답이 맞았다고 해서 우리가 완전히 안다고 말할 수 있을까? 결과를 중시하는 경향으로 인해 그렇게 믿게 되는 것은 아닐까 싶다.

과정이 결과만큼이나 중요해

만 세 살이 된 아들에게 어느 날, 왜 밥을 다 먹지 않느냐고 물었더니 '이유가 없다'고 했다. 듣고 나니 조금 화가 났지만 잠시 생각해 보니 며칠 전, 내가 했던 대답을 그대로 따라 했다는 것을 알아차렸다. 아들에게 이제는 자라고 했더니 아들이 '왜 자야 하냐'고 되물었는데, 나는 잠시 설명하기가 귀찮아져서 위와 같은 표현으로 대답했었다.

또 어느 날은 집에 놀러 온 지인이 스트레칭을 한다며 몸을 구부려 손으로 바닥을 만지려 했지만 유연성이 떨어져 손끝이 겨우 마룻바닥에 닿았다. 그걸 보고 나도 같은 방법으로 시도하려 했지만 잘 안되어 무릎을 굽히고 반쯤 쭈그리고 앉아 손끝으로 바닥을 만지작거렸다.

"이렇게 하면 반칙이죠! 무릎을 구부리면 안 돼요."

어떤 자세가 중요한 게 아니라 '손끝으로 바닥을 치는 것'이 가장

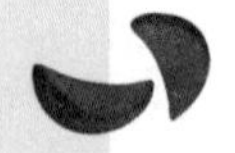

중요한 목표였던 나는 그 순간의 내 동작에 대한 가치를 느낄 수도 없었다.

나의 경우처럼, 바닥을 만지는 데만 관심을 쏟는 경우가 있지 않을까? 문제를 풀 때 정답에만 관심을 갖고 풀이 과정의 가치를 간과하지는 않았을까?

답이 중요하지 않다는 것이 아니다. 답에만 신경 쓰기보다 과정에 더 집중할 수 있다면 더 많은 측면에서 사고하는 방법을 배울 수 있지 않을까 하는 생각이 든다.

수학은 생각하는 학문이다!

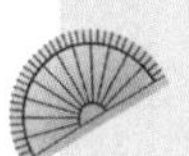

과정에 관심을 가지게 된다면 애써 계산한 뒤 두 눈을 부릅뜨고 정답이 맞는지에 집중하기 보다 문제를 푸는 재미를 더 느낄 수 있다.

다른 풍경을 본다

어떤 우연한 기회로 인해 문제를 많이 푸는 습관을 가지게 된 것이 나는 운이 좋았다고 생각한다. 여러분도 괜찮은 문제(교과서의 예제나 평소 푸는 문제집의 문제들)에 다양한 해법을 시도해 보길 바란다.

6×6=6+6+6+6+6+6

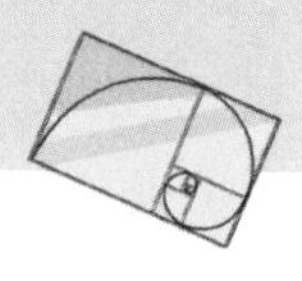

우선 천천히 문제를 한 차례 풀고, 그런 다음 문제마다 다른 해법이 있는지 살펴본다. 가능하다면 해법을 친구들과 공유하고 토론하며 상대방이 어떤 생각을 했는지, 내가 놓친 아이디어는 없는지 짚어보자. 어쩌면 그런 과정에서 생각지도 못한 아름다운 수학 풍경을 발견하게 될지도 모른다.

관점을 바꿔보자

초코바를 사려고 마트에 갔더니 다음과 같은 광고판이 있다. 두 번째 구매하는 초코바는 무조건 10원이고 6개를 한꺼번에 구매하면 135원이라고 한다. 그렇다면 초코바 1개의 원가는 얼마일까? 어떤 해법이 있을 수 있는지 생각해 보자.

6개의 초코바를 한 묶음으로 보자. 한 묶음에는 첫 번째 구매 초코바(원가)와 두 번째 구매 초코바(10원)를 하나씩 묶은 세트가 3개가 있다고 볼 수 있다. 따라서, 초코바 1개의 원가를 X원이라고 하고 방정식을 세우면

$3X + 10 \times 3 = 135$이므로 $X = 35$원이다.

미지수 없이 두 번째부터 구매하는 초코바가 10원이라는 정보를 활용할 수도 있다.

6개 중 3개가 10원이므로

처음 3개의 가격은 $135 - 10 \times 3 = 105$, 원가는 $105 \div 3 = 35$원이다.

또 다른 방법은 6개의 초코바를 두 개씩 세 묶음으로 생각하면

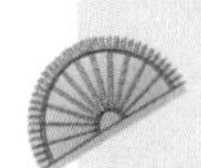

각 묶음의 가격은 $135 \div 3 = 45$원이고,

두 번째 구매 시 한 개의 가격이 10원이니 나머지는 바로 $45 - 10 = 35$원이다.

여러분에겐 또 다른 해법이 있는가?

6개의 가격이 모두 10원이라고 하면 계산할 수 있을까?

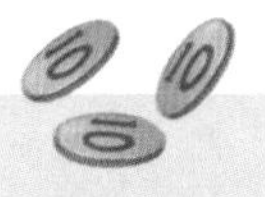

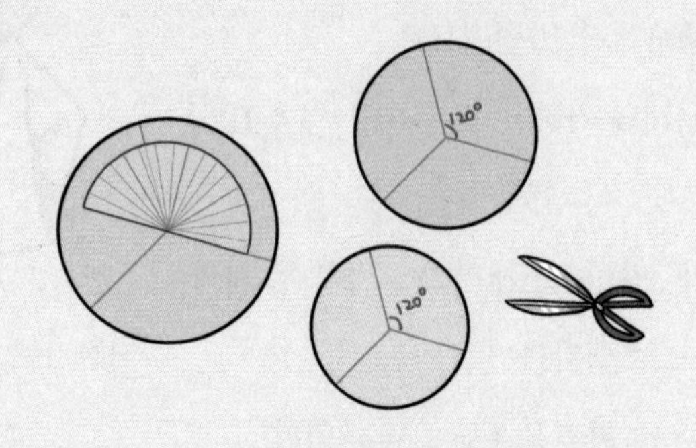
120°
120°

09

사물을 보는 각도가 중요하다

시력검사표의 숫자가 어떻게 나오는지 아나요?
뜻밖에도 각도와 관계가 있다구요!
일을 하거나 사물을 볼 때 모두 각을 봐야 합니다!

탐정님! 탐정님!
이 사진을 보세요.
이게 뭔가요?
오! 가까이서 보니
마치 도넛같군.
으음! 맛있어~
멀리서 보면
튜브처럼 보여.
거리와 크기가 중요한데 이 튜브가
우리에게 5500만 광년 떨어져 있고
크기는 300 천문단위이니
모양까지 합친다면……

블랙홀에 대해 들어본 적 있는가? 인류는 2019년 4월 10일 과학사에 중요한 이정표를 세웠다. 처음으로 블랙홀을 직접 관측한 것이다.

블랙홀은 우리로부터 5,500만 광년 떨어져 있는데 사진상 후광의 실제 거리는 300천문단위(au)이다. '광년'이나 '천문단위'는 모두 매우 큰 거리 단위로, 이는 여러분이 상상할 수 없을 정도로 큰 값이다. 그런데 블랙홀 관측과 관련해 망원경이 관측한 블랙홀의 선명도를 나타내는 '마이크로초(㎲)'라는 또 다른 단위가 등장했는데 이것은 도대체 어떤 의미일까?

어떤 사물의 두 가지 척도

즉, 사물의 크기와 사물 간의 거리를 분명하게 볼 수 있을까?

거리가 가까울수록 사물을 더 잘 볼 수 있다. 예를 들어 5m 떨어진 곳에 10㎝ 너비의 물건을 잘 볼 수 있다고 할 때 물건을 두 배 떨어진 거리, 즉 10m 떨어진 곳에 둔다면 너비가 두 배인 20㎝는 되어야 똑같이 보일 것이다. 다시 말해 사물이 잘 보이느냐, 보이지 않느냐는 사물의 크기와 거리의 비와 관련이 있을 것이다.

원 하나가 있다고 생각해 보자. 여러분이 원의 중심에 서 있고 원주 위에 물건이 놓여있다면 그 물건과 여러분과의 거리는 원의 반지름의 길이와 같다. 물체의 크기는 호의 길이와 관련 있다. 이 호의 길이와 원의 반지름을 가지고 '각도'를 설명할 수 있다. 물체가 작을수록 혹은 거리가 멀어질수록, '눈'으로부터 호의 양 두 끝점을 연결한 각도는 점점 작아진다. 이 각도를 '시각'이라고 한다.

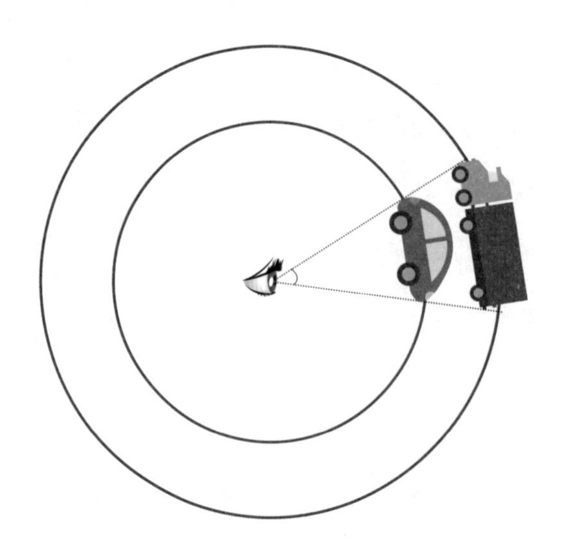

의학적으로 볼 때, 육안으로 구별할 수 있는 가장 작은 시각, 즉 시력을 가늠하는 기준은 일반적으로 약 $\frac{1}{60}$도(°) 정도이다. 시력검사표에는 크기가 다른 C자가 여러 개 있는데, 아래로 갈수록 C가 작아지고 열린 부분이 어느 쪽을 향하는지 쉽게 알 수 없으며, 위로 갈수록 C가 커지고 대응하는 시력 숫자도 커진다. 이 숫자는 사실 각도와 관련되는 것으로, 망원경이 보는 블랙홀의 선명도와 같다. 그렇다면 마이크로초는 무엇일까? 마이크로초는 각도의 단위이다. 1도(°)는 60분(′), 3600초(″)이고 1초(″)는 1000밀리미터초(ms), 1밀리미터초(㎳)는 1000마이크로초(㎲)이다.

1도(°)=60분(′)=3600초(″)=3600000밀리미터초(ms)
=3600000000마이크로초(μs)

정상시력의 시각이 대략 60도(°) 정도라고 하면 블랙홀을 관측하는 망원경이 얼마나 대단한지 알 수 있는데 42마이크로초(㎲) 정도로 해상도가 정밀하다.

다음 실험에서 각도가 시력에 미치는 영향을 검증해 보자.

1. 크기가 다른 세 개의 원형인 물건을 찾아 각각의 원형을 종이에 그린 후 오려낸다.

2. 세 개의 원을 각각 두 번씩 반으로 접으면 접힌 자국이 지름이고, 두 지름이 만나는 지점이 원의 중심이다.

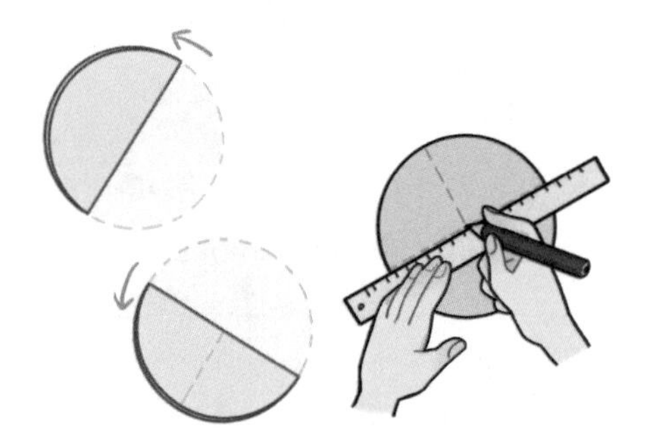

3. 세 개의 원에 각각 중심각이 120°인 부채꼴을 그린다.

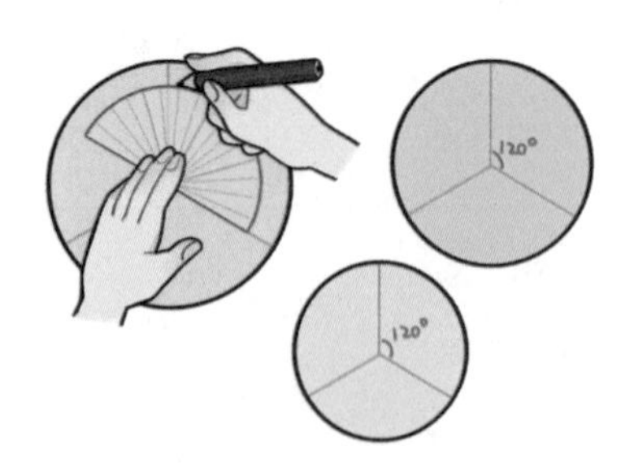

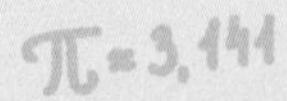

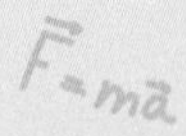

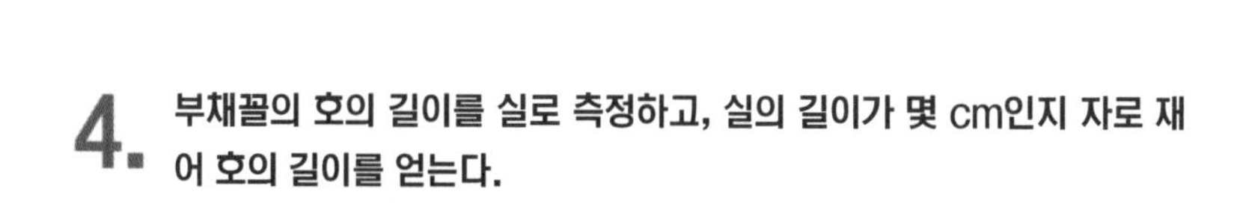

4. 부채꼴의 호의 길이를 실로 측정하고, 실의 길이가 몇 cm인지 자로 재어 호의 길이를 얻는다.

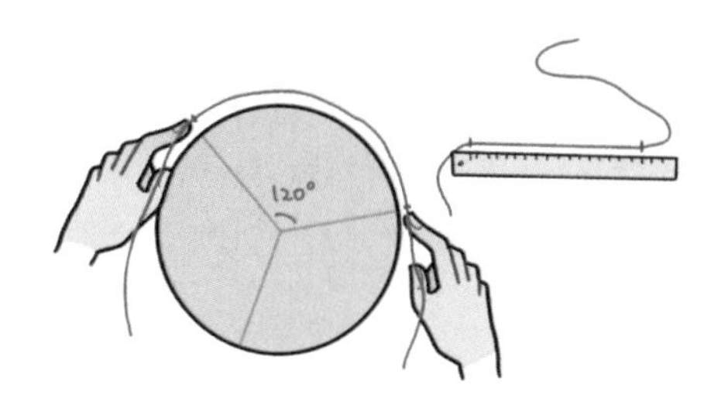

5. 세 개의 호의 길이를 각각 세 개의 원의 반지름으로 나눈 값이 서로 같은지 확인해 보자.

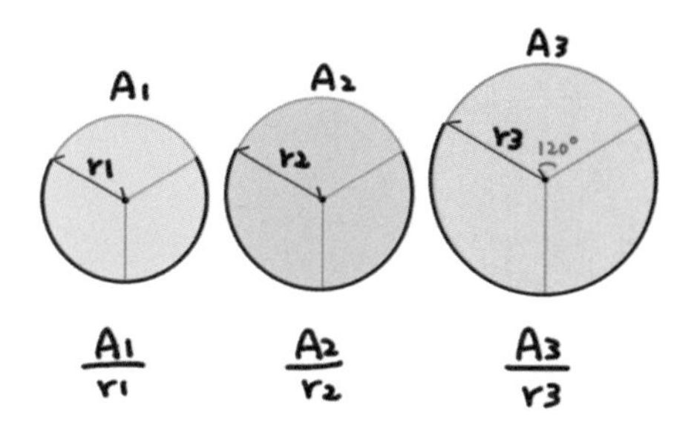

6. 부채꼴의 중심각의 크기를 60°로 하여 앞 단계를 반복하면 5의 결과와 비교했을 때 어떻게 달라지는지 확인해 보자.

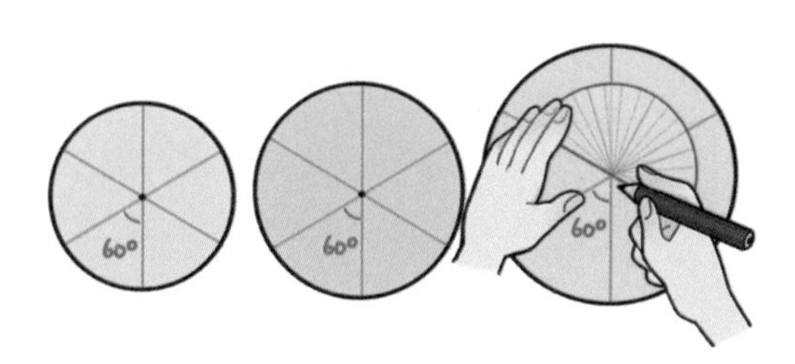

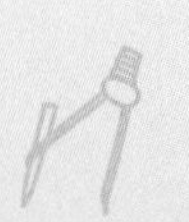

시각과 시력의 관계

실험에서 반지름과 호의 길이가 길어져도 부채꼴에서 중심각이 일정하면 부채꼴의 호의 길이를 반지름으로 나눈 값은 일정하다는 사실을 알 수 있다. 하지만 부채꼴의 중심각이 달라지면 나눈 결과도 달라진다.

실제 실험에서 중심각의 크기가 120°일 때 얻은 세 호의 길이를 각각의 반지름으로 나눈 결과는 모두 2.09에 가까운 값이다. 중심각이 60°로 120°의 반일 때 얻는 값은 약 1.04로 대략 2.09의 $\frac{1}{2}$임을 알 수 있다. '호의 길이를 반지름으로 나눈 값'은 각의 크기 변화와 관련이 있으며 원의 크기에는 영향을 받지 않는다. 원의 중심각은 360°이다.

$$\text{중심각이 차지하는 비율} = \frac{\text{중심각}}{360°}$$

$$\text{호의 길이} = 2 \times 3.14 \times \text{반지름} \times \frac{\text{중심각}}{360°}$$

$$\begin{aligned}\text{호의 길이} \div \text{반지름} &= 2 \times 3.14 \times \frac{\text{중심각}}{360°} \\ &= 6.28 \times \frac{\text{중심각}}{360°} \\ &= (6.28 \div 360°) \times \text{중심각}\end{aligned}$$

시각 1°를 위의 식에 대입하면,

호의 길이÷반지름 = $(6.28 \div 360°) \times 1°$

를 얻는다. 다시 시력측정표 이야기로 돌아가 시력이 1.0 또는 0.5라고 하는 것은 실제로 어떤 의미일까? 시력 1.0은 1분(′)의 선명도를 나타내며, 1분(′)은 $\frac{1}{60}°$이므로 식에 대입하면 다음과 같다.

호의 길이÷반지름= $(6.28 \div 360°) \times \frac{1}{60}° \fallingdotseq 0.0003$

이 수치는 10,000㎝ 떨어진 곳에 3㎝ 크기의 물건을 보는 것을 의미한다. 시력검사를 할 때 사람들은 일반적으로 시력검사표에서 5m=500㎝ 떨어져 있는데,

10,000㎝ : 3㎝ = 500㎝ : 0.15㎝

임을 알 수 있다.

시력 1.0에서 C자의 열린 부분은 0.15㎝ 정도의 폭밖에 되지 않는다. 시력 1.0은 1분(′)을 분별할 수 있는 능력에 해당하고, 식별력이 2분(′)일 경우 시력은 $1 \div 2 = 0.5$로 500㎝ 떨어진 곳에서 0.3㎝ 크기의 물체를 분별할 수 있는 것과 같다. 시력 0.2의 중심각은 더 큰 값으로 시력 1.0의 $\frac{1}{5}$에 불과하

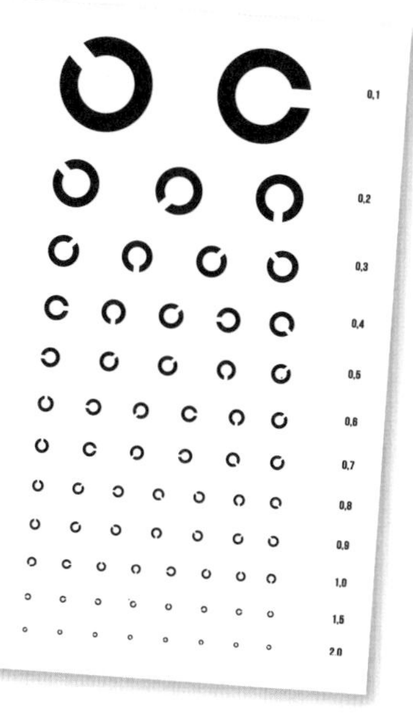

기 때문에 5분(′)밖에 구별할 수 없고, 500㎝ 떨어진 곳에서 0.75㎝ 크기의 물체, 즉 시력 1.0의 사람이 구별할 수 있는 물체를 5배로 확대해야 똑같이 구별할 수 있다는 뜻이다.

이런 지식을 안다면 시력을 잴 때 줄자를 가지고 시력검사표와 시력검사표 사이의 거리를 재보고, 각 C자의 열린 부분 크기를 계산한 수치가 시력검사표와 일치하는지 검증해 볼 수 있다.

뻗어나가기

시점? 시야?

이 수업에서 우리가 배운 시각은 물체의 양 끝에서 발사되거나 반사된 빛이 우리 안구 안에서 만나 생긴 중심각을 말한다. 물체가 멀리 떨어져 있거나 물체가 작아질수록 시각이 작아진다. 구별할 수 있는 시각이 작을수록 멀리 볼 수 있다.

예를 들어 시력 2.0은 식별 가능한 시각이 $\frac{1}{120}°$로 시력 1.0의 두 배에 달한다. 해상도가 42마이크로초(㎲)에 달하는 천체망원경의 시각능력이 인간의 정상시력의 몇 배에 달하는지도 추산할 수 있다. 카메라 렌즈가 찍을 수 있는 각도는 어른 또는 어린이의 시각에 따라 다를 수 있다.

시야는 또 무엇을 의미할까? 눈이 어느 한 지점을 볼 때 시력이 미치는 범위를 시야라고 한다. 동물마다 시야의 크기가 다른데 인간은 좌우 눈을 합하여 약 180° 범위의 눈앞에 있는 사물을 볼 수 있다. 어떤 새들은 시야가 300°가 넘으며 머리 뒤쪽까지 볼 수 있다고 한다.

더 생각해 보기

시력검사 결과가 1.0인 사람이 있다. 시력검사표를 원래 거리보다 5배 더 떨어진 곳으로 옮긴다면 어느 줄 이상의 C자만 보일까?

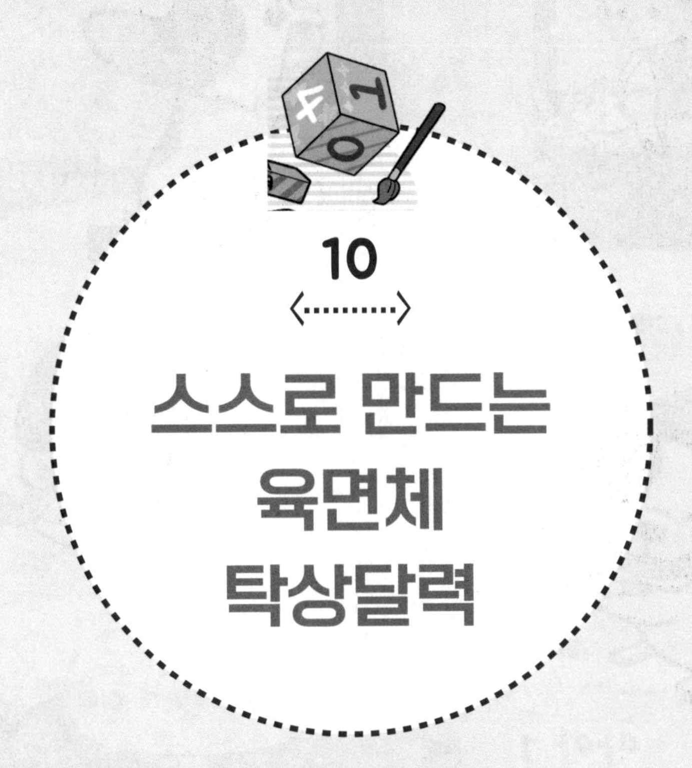

10

스스로 만드는 육면체 탁상달력

돌릴 때마다 다른 날짜가 나타나!
작은 육면체가 내가 상상한 것 이상으로
많은 변화를 보여줄지는 몰랐어!

오!
6月
2
8
머엉!!
나도 할래!
아악!
3
1
5月
이건 내 탁상달력 아니야?
난 마지막 시험 날짜를 기억해!
너 때문에 어지러워졌어!
기말고사가 언제인지 모르겠어!
……
기말고사?
내일이잖아?
근데 너 혼자서도
잘 노는구나…

중간고사, 기말고사, 7월 여름방학, 그리고 생일, 성탄절, … 또 무슨 날이 있을까? 일상생활에서 날짜를 알아야 여러 가지 사항을 잘 챙길 수 있는 경우가 많다. 이번 주제에서는 탁상달력을 만드는 것을 배울 수 있는데 선물하기 좋고 특별한 날은 수학적 논리를 담고 있어 더욱 재미있다.

이런 목제 탁상달력을 본 적이 있는가? 이것은 정육면체 2개와 직육면체 3개로 구성된 5개의 나무토막으로, 정육면체에 날짜를 표시하고 각 면에 0~9의 숫자 중 하나를 쓴다. 직육면체에는 달을 표시하는데, 3개의 직육면체의 경우에는 각각의 4개의 직사각형에 4개월씩 쓰면 3×4=12개월이 딱 들어맞는다. 정육면체 두 개가 위에 배치되어 있고, 직육면체 세 개가 아래에 나란히 받침돌이 되도록 가지런히 쌓아 올린다.

이 탁상달력은 만드는 방법이 어렵지 않으니, 종이를 접어서 육면체로 만들 수 있다. 보기 좋게 정렬하기 위해서는 직육면체의 긴 길이가 두 정육면체의 모서리의 길이의 합과 같아야 한다. 정육면체의 모서리의 길이가 3이라고 가정하면 직육면체의 긴 모서리의 길이는

6이다. 또한, 직육면체의 밑면은 정사각형이고, 직육면체 3개의 밑면의 한 모서리의 길이를 합하면 정육면체의 한 모서리의 길이와 같아야 하므로 직육면체의 밑면의 한 모서리의 길이는 1이다. 이외에도 제작 과정에서 약간의 세심한 고민이 필요한데, 정육면체의 면에 어떤 숫자를 쓰는 것이 의미 있을까?

숫자 배열

네모난 탁상달력은 두 정육면체에 나타난 숫자로 어떤 자릿수를 구성하여 날짜를 나타낸다. 정육면체는 여섯 개의 면으로 이루어져 있기 때문에 각 면은 여섯 개의 수를 나타낼 수 있다.

두 개의 정육면체를 합하여 하나의 수를 만들 수 있으므로 이론적으로 총 경우의 수는 6×6×2=72가지의 두 자릿수를 생각할 수 있다. 다만, 정육면체 위에 나타나는 수는 11과 같이 같은 숫자가 중복될 수 있다. 한 달에 많게는 31일이 있다. 가능한 경우의 수는 이런 모든 날짜를 표시하기에 충분할까? 당연한 얘기지만 육면체의 한 면에 나타나는 숫자를 적절히 배치해야지 마구잡이로 써서는 안 된다. 예를 들어 두 면에 나타난 숫자가 모두 0에서 5까지의 수라면 6~9일, 16~19일, 26~29일을 나타낼 수 없다.

우선 종이 위에 6개씩 빈칸을 두 그룹 그려 숫자를 어떻게 채울 것인지 생각해야만 이 두 그룹으로 1~31일을 나타낼 수 있다. 이어서, 직접 네모난 탁상달력을 만들어 그 속의 숫자의 신비를 함께 찾아보자.

수학 실험

1. **정육면체 2개와 직육면체 3개의 전개도를 판지에 그린다.**
(그림과 같은 크기로 실험해 보거나, 같은 비율로 확대 또는 축소할 수 있다.)

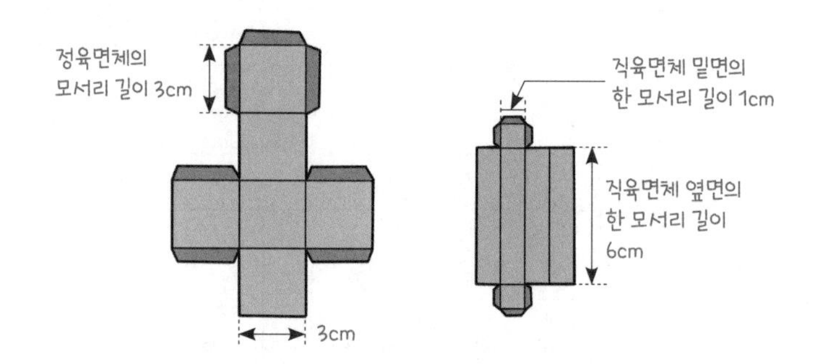

2. **전개도를 오려 붙여 5개의 육면체를 만든다.**

3. **3개의 직육면체에서 직사각형인 면에 각각 1월부터 12월까지를 쓴다.**

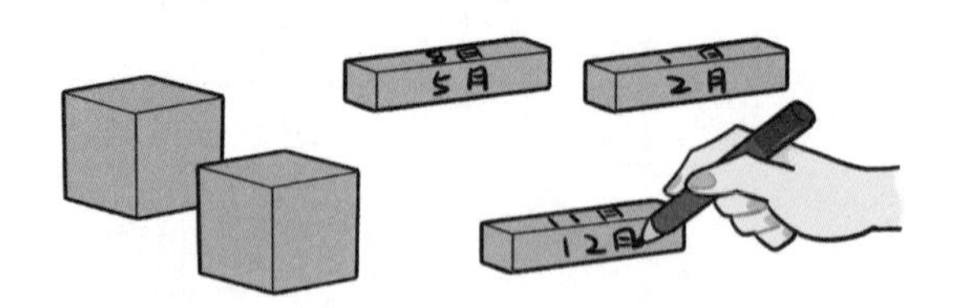

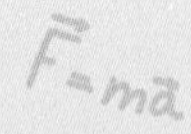

4. 첫 번째 정육면체의 여섯 면에 각각 0, 1, 2, 3, 4, 5를 쓰고, 두 번째 정육면체의 여섯 면에는 0, 1, 2, 6, 7, 8을 적는다.

5. 색연필과 스티커로 장식하여 자신만의 디자인을 연출하자.

6. 5개의 육면체를 쌓아 올리면 탁상달력이 완성된다.

육면체를 뒤집어 숫자를 돌려보자

두 개의 정육면체를 돌리다 보면 좀 곤란한 상황이 생기지 않는가? 9, 19, 29일은 어떻게 만들까? 걱정할 필요는 없다. 숫자 6을 위아래로 뒤집으면 9가 된다! 다시 정육면체의 위치를 바꿔보면 모든 날짜를 표시할 수 있지 않을까? 사실 4단계에서 정육면체 위의 숫자는 여러 가지로 다르게 쓸 수 있지만, 다음 규칙을 지켜야 한다.

두 정육면체 각각의 면에는 0, 1, 2, 6(또는 9)가 있어야 한다.

이 규칙은 어떻게 만들어진 것일까? 우선 정육면체 두 개는 총 12개의 면으로 되어 있는데 이 12개의 면 중 우리는 먼저 0~9라는 10개의 숫자를 쓰고 나머지 두 개의 공백에는 중복된 숫자를 쓸 수 있다. 즉, 십의 자릿수와 일의 자릿수가 중복되는 경우는 두 가지가 존재한다. 바로 1과 2가 꼭 중복된다! 매달 11일과 22일이 있기 때문이다.

이와 같이 언뜻 보기에는 문제가 없지만, 또 한 가지 중요한 관건이 있다. 두 정육면체 각각의 면에 1, 2, 3, 4, 5, 6과 1, 2, 7, 8, 9, 0의 숫자를 쓴다고 가정하면 세 개의 날짜(7, 8, 9일)를 나타낼 수 없다! 날짜 표시는 반드시 두 개의 정육면체를 합하여 07, 08, 09가 되어야 하지만, 하나의 정육면체에만 0이 있고, 7, 8, 9는 0과 동일한 정육면체에 있기 때문에, 7, 8, 9일을 만들 수 없다. 이를 통해 두 개의 정육면체에 모두 0이 있어야 9일까지 잘 나타낼 수 있다는 것을 알 수 있다.

두 정육면체의 12개의 면에는 반드시 중복되는 0, 1, 2가 있어야 하는데, 그렇다면 남은 6개의 면에 어떻게 하면 3에서 9까지 총 7개의 숫자를 더 채울 수 있을까? 다행히 정육면체는 임의의 방향으로 회전이 가능한 완벽한 대칭성을 가진다. 그래서 우리는 두 번째 규칙을 사용해서 6과 9를 같은 면에 쓰고 6이 위아래로 뒤바뀌었을 때 9로 쓸 수 있도록 했다. 마지막에 남은 다섯 개의 면에는 3, 4, 5, 7, 8을 임의로 채운다.

두 정육면체에 특정한 숫자를 배치하는 것은 한 달 동안의 모든 날짜를 표시하기 위한 것이니 계산으로 확인해 볼 수 있다. 01~31일 외에 두 정육면체로 몇 가지 숫자를 조합하여 배열할 수 있을까?

하나의 정육면체에 여섯 개의 숫자를 나타낼 수 있고, 다른 정육면체의 한 면에 6(또는 9)을 나타낼 수 있으므로 일곱 개의 숫자를 서로 마주보도록 둘 수 있다. 따라서, 총 6×7×2=84가지의 배열이 된다. 더 나아가 중복되는 경우를 고려하면, 두 정육면체에 각각 0, 1, 2의 숫자가 중복되지만 한 가지만 고려하므로 3×3=9가지를 빼야 한다. 84-9=75, 총 75가지의 조합으로 나타낼 수 있다.

평범해 보이는 탁상달력에 이와 같은 수학적 개념이 숨겨져 있으니 육면체를 마음껏 이용하길 바란다. 여러분이 공들여 직접 만든 탁상달력을 친구나 가족에게 주기 전에, 숨은 수학을 깊이 음미해 보자.

뻗어나가기

전자탁상달력의 숫자

전자탁상달력과 계산기의 모니터는 일곱 개 선의 구간 변화만으로 0에서 9까지의 숫자를 나타낼 수 있다. 전자탁상달력의 날짜는 두 자릿수를 나타내는 7개의 LED 막대를 사용해 모든 날짜가 표시되도록 한다.

더 생각해 보기

날짜를 나타내는 정육면체를 정사면체 3개로 바꾸어 한 번에 두 개의 수를 골라 쓴다고 할 때, 각각의 정사면체 위에 어떤 숫자를 써야 할까? 생각해 보자.

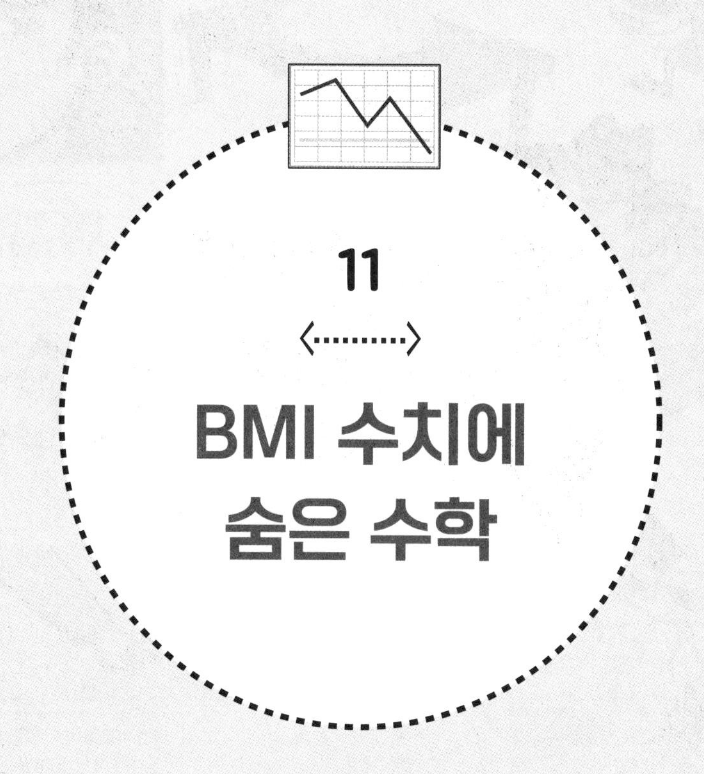

11

BMI 수치에 숨은 수학

키, 체중을 재서 발육 상황을 알 수 있다.
우리가 흔히 말하는 BMI 수치가
바로 데이터에 근거하여 계산한 값인데
그 속에 숨은 수학을 알아보자!

콜! 콜! 긴급사태!
탁자 위의 스테이크가
없어졌어!
!?
Go!
여기 단서가 있군.
범인이 남긴 것이 틀림없어!
BMI=14
야옹~
범인이 체중계에 올라갔으니
기록이 남아있겠군!
이번 바로 스마트 체중계,
기록이 남아있다!
이게 오늘 다녀간 손님의
BMI=14, 도대체 누굴까?
함께 알아보자!
A 군:
50kg/170cm
B 군:
85kg/165cm
C 군:
45kg/160cm
……
? ?
어흥~
70kg / 175cm
21kg / 120cm
13kg / 30cm
5kg / 40cm

스스로 살이 쪘거나 말랐다고 생각하고 있는가? 너무 말라서 허약한 사람은 뚱뚱한 몸이 보기 좋다고 생각할 수 있지만 건강하지 않을 수도 있다. 그렇다면 건강함은 어떻게 판단할 수 있을까? 뚱뚱하다는 것의 기준은 무엇일까? 체중계에 나타나는 숫자가 크다고 해서 비만이라고 할 수 있을까? 키가 크면 몸무게가 많이 나갈 수밖에 없지 않은가.

이 문제에 대해 19세기의 벨기에 수학자 아돌프 케틀레Adolphe Quetelet는 어떤 사람이 비만인지 아닌지를 판단하는 기준이 있어야 한다는 생각에 체질량지수 BMIBody Mass Index를 고안하였다. 이는 키와 함께 체중을 고려하여 계산한 것으로 어떤 사람의 비만 정도를 나타낸다. 즉, 온도계의 수치로 체온을 측정하는 것과 같이 BMI 수치로 비만 정도를 판단하는데, BMI 값이 클수록 비만 정도가 높다는 것을 의미한다.

$$\text{BMI} = \frac{\text{체중 (kg)}}{\text{키(m)} \times \text{키(m)}}$$

여기서 체중은 kg으로, 키는 m로 계산한다. 수학에서, '자신'에 '자신'을 곱하면 자신의 제곱으로 나타낼 수 있다. 이때 숫자 2(제곱)를 키의 오른쪽 위 모서리에 쓰면 다음과 같다.

$$BMI = \frac{\text{체중 (kg)}}{\text{키(m)}^2}$$

일반적으로 사람의 BMI 수치는 18.5~24사이에 분포하는데 18.5 미만이면 너무 말랐고, 24이상이면 과체중이라고 판단한다.

키가 170cm인 경우 BMI 공식에 숫자를 대입하면,

$1.7 \times 1.7 \times 18.5 = 53.465$kg이므로,

체중이 53.465kg 이하라면 저체중을 의미한다.

$1.7 \times 1.7 \times 24 = 69.36$kg이므로,

체중이 69.36kg을 초과하면 과체중을 의미한다.

즉, BMI 수치가 24 이상으로 올라가지 않도록 운동, 식단 조절을 많이 해야 한다. 그렇지 않으면 경도비만이 되고, 심지어 35 이상으로 치솟아 중도비만이 된다! BMI 공식을 이용하여 자신과 주변 친구, 그리고 부모님의 BMI 값을 계산할 수 있다. 그런데 여러분과 친구들의 BMI 수치는 보통 20 이하로 나타나는 반면 어른들의 BMI 수치는 일반적으로 높게 나타나는 현상을 발견할 수 있을 것이다. 설마, 어린이가 어른보다 뚱뚱하지 않다는 것을 의미할까? 당연히 그런 의미는 아니다! 이런 현상은 BMI 공식의 분모에서 키가 만들

어내는 영향으로, BMI 수치가 실제 상황과 오차가 생기게 하는 원인이다.

오늘날 BMI 공식은 점점 더 정교하지 못한 것으로 간주되는데, 어린아이와 같이 키가 작은 사람들의 경우 BMI 수치가 일반적으로 낮게 나타나는 편으로 지나치게 마른 것으로 오해되기 쉽다. 그렇다면 BMI 공식이 왜 이렇게 계산되는지 여러분도 궁금할 것이다. 공식에서 BMI 수치와 몸무게는 비례하고, 키^{2}에 반비례한다. 왜 키^{2}으로 계산할까? 이것은 어떤 의미일까? 사실 이는 원래 매우 복잡한 식을 케틀레가 간략화한 결과로써 우리는 먼저 실험을 한 후에 간략화 과정을 살펴보자.

함께 실험해 봅시다. 어린이의 BMI 수치는 정말 낮게 나올까? 일반인의 평균 수치로 그래프를 그려서 결과가 어떻게 나오는지 보자.

1. 아래 표는 6~18세의 남성과 여성의 평균 키와 체중을 나타낸다. 자신의 BMI 수치를 계산한 후, 다른 이들의 BMI 수치와 비교해 보자.

	나이	6	8	10	12	14	16	18
남	키 (cm)	118.2	130.7	142.5	154.6	166.7	169.2	173.3
	체중 (Kg)	21.9	29.4	40.4	50.1	56.0	57.1	67.1
	BMI							
여	키 (cm)	119.4	131.7	142.4	155.2	158.6	158.5	160.7
	체중 (Kg)	21.7	30.0	36.3	51.8	49.8	52.3	62.6
	BMI							

당신의 키 : ________________________ (cm)

체중 : ________________________ (kg)

BMI : ________________________

※ 주의 : 계산하기 전에 키의 단위를 m로 바꾸자.

2. 가로축은 나이, 세로축은 BMI수치로 하여 좌표로 나타내고 그래프로 표시한다. 자신의 BMI 수치도 표시한다.

3. 각 점을 연결하면 어떤 선의 흐름을 볼 수 있을까? 자신은 같은 연령, 같은 성별에 비해 마른 편인가, 살찐 편인가?

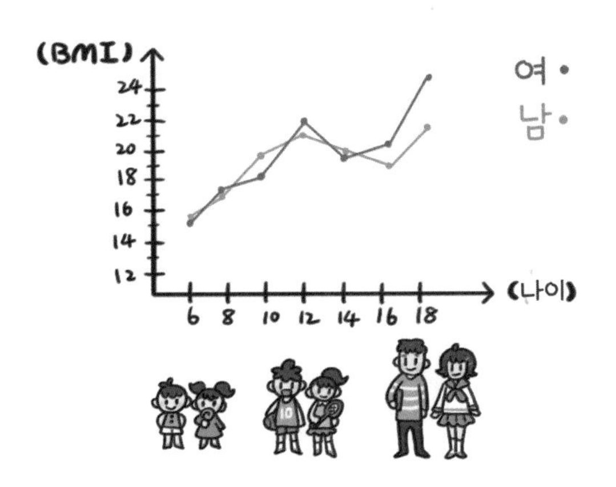

BMI 공식

그래프를 분석해 보면 평균 체격의 어떤 사람의 어린 시절 BMI 값은 낮았으나 점점 연령이 증가할수록 BMI 값도 증가하는 것을 볼 수 있다. 하지만 상식적으로 생각하면 '성장할수록 살이 찐다'는 말로는 결코 설명할 수 없다. 보건위생부에서 고지한 '표준'은 발달기에 신체 변화가 매우 심한 아동 및 청소년은 제외한 어른을 가늠하는 기준으로, 청소년이나 아이의 뚱뚱하고 마른 것을 판별할 수 없으므로 연령에 따라 다르다고 하였다.

예를 들어 6세 남아는 13.5~16.9, 14세 남아는 16.3~22.5다. 서로 다른 기준은 연령별 차이를 해결했다. 다만 우리가 실험하기 전에 언급했듯이 BMI 공식이 키가 작은 사람에게 쓰이면 현재 사용되는 기준은 오해의 소지가 있어 수정할 필요가 있다.

그렇다면 이 표준은 당초에 어떻게 정한 것일까? BMI 공식을 발명한 케틀레는 사람이 성장할 때 키, 체격 등 성장한 값의 비율이 모두 같다면 체중은 키의 세제곱에 비례해야 하지만 실제로는 그렇지 않다고 생각했다. 관측과 계산에 따르면 나이가 들수록 사람 체중의 제곱은 대략 키의 다섯 제곱에 비례한다. 수학식으로 표현하면 다음과 같다.

$$\frac{체중^2}{키^5}$$

그렇다면 왜 지금의 BMI는 키의 제곱을 분모로 쓰는 걸까? 한 가지 큰 이유는 계산을 쉽게 하기 위해서다. 생각해 보면, 만약 직접 키를 다섯 번 연달아 곱하고 체중을 두 번 곱하여 계산한다면 앞의 실험은 몇 배의 시간이 걸려 끝낼 수 있을 것이다. 19세기만 해도 대부분의 사람들은 현대인처럼 수학 실력이 좋지 않았고, 컴퓨터로 계산을 할 수도 없었기 때문에 계산하기 좋은 근삿값이 필요했다. 값을 한 번 덜 곱한 것을 근삿값으로 하면 즉,

$$\frac{체중^2}{키^5}\text{을 }\frac{체중^2}{키^4}\text{으로 계산하면 }\left(\frac{체중}{키^2}\right)^2$$

이는 현재의 식이다. 다만 근삿값을 취하는 데는 오차가 있을 수 있다. 영국 옥스퍼드대학교 교수 닉 트레페덴Nick Trefethen은 현대에는 컴퓨터의 힘을 빌려 오차를 줄일 수 있어야 한다고 지적하며 다음과 같은 새로운 공식을 제안하고 오차를 줄였다.

$$BMI = \frac{1.3 \times 체중}{키^{2.5}}$$

이 공식은 작은 키의 BMI 수치가 이전 공식에서보다 높게 계산되고 반대로 큰 키의 BMI 수치는 작아지기 때문에 키 큰 사람이 그렇게 살이 찌지 않았음을 보여준다. 반면 어린아이는 작은 키라 이전 공식으로 산출한 BMI 값이 작았기 때문에 새로운 공식으로 수정할 수 있다.

뻗어나가기

마른 비만?

건강한 신체를 가지는 것은 중요한 일이다. 살이 너무 많이 찌는 것도 좋지 않고 너무 마른 것도 좋지 않다. 사실은 체지방이 체중에 차지하는 비율을 신경 써야 한다. 체지방은 성별, 나이에 따라 다를 수 있는데, 여러 자료에 따르면 청소년기 이전에는 남녀 모두 체지방 비율이 대개 15% 정도이지만 이후에는 여성의 체지방이 남성보다 높게 나타났다.

남성은 체지방 비율이 25%, 여성은 30%를 넘어가면 체지방이 과다하다는 것을 의미하며, BMI 수치와 체중은 정상인데도 지나치게

뚱뚱한 마른 비만이라고 할 수 있다. 지나치게 살이 찌면 심혈관 질환인 당뇨병과 대사 문제가 생기기 쉬우므로, 건강을 유지하려면 균형 잡힌 식사를 유지하고 튀김이나 단 음식을 피하며 운동 습관과 수면을 잘 챙겨야 한다.

더 생각해 보기

표의 데이터를 컴퓨터나 계산기를 이용하여 $\frac{체중^2}{키^5}$ 을 계산하고 그 결과에 근호($\sqrt{\ }$)를 씌워 같은 방법으로 그래프를 그려보자. 이 그래프를 참고하여 나이에 따라 살이 찌는 경향이 있는지 살펴보자.

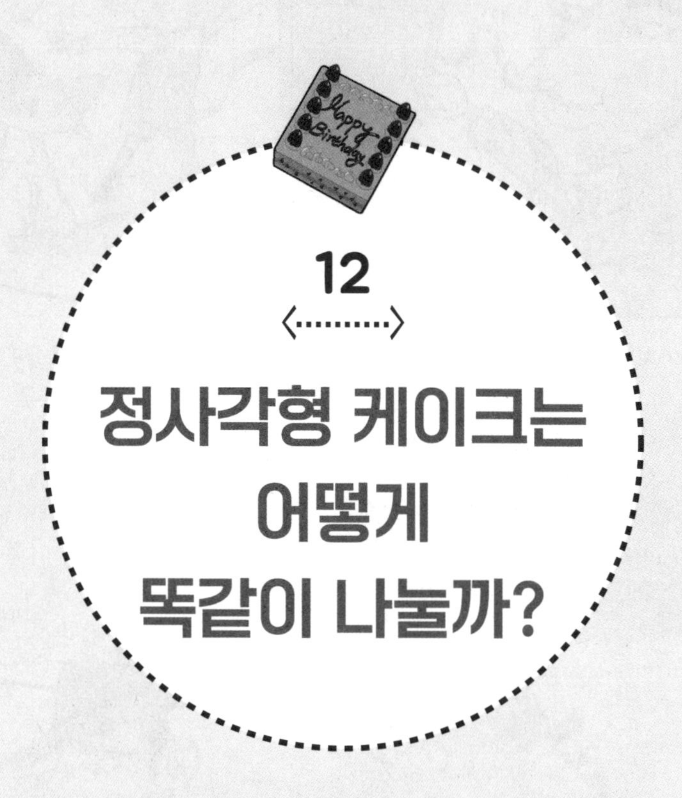

12

정사각형 케이크는 어떻게 똑같이 나눌까?

일상생활에서 케이크를 잘라야 하는 순간이 많다.
이번 도전에서 정사각형 케이크를
균등하게 자르는 수학적 관문을 터득하면
가족과 친구들에게 케이크를 공평하게 나눠줄 수 있다!

와!!! 케이크다!
맛있겠다!
강아지는 이거
먹으면 안 돼!
쓰담!
편지가 있어!
정사각형 케이크의 한 모서리 길이는 20cm
탐정님께
저희 집은 큰 어려움에 처했어요.
누군가 이런 정사각형 케이크를
보내왔는데, 우리집 아이들 넷은 각자
똑같은 크기로 잘라 먹어야 한다고
고집합니다. 정말이지 어떻게 똑같이
나누어야 좋을지 모르겠습니다. 탐정님
도와주세요.
만약 방법이 없다면… 탐정님이 다
먹어버리시길 부탁드려요.
고맙습니다!
OOxx 배상
생각이 필요해……
음……
고민
음……
내가 좀 먹자!
포인트는 케이크
가장자리의 길이야!
어흥

케이크를 잘라야 할 때, 누군가 나에게 "네가 수학을 제일 잘하니, 케이크를 똑같이 잘라서 모두에게 똑같이 나눠줘."라고 말하곤 한다. 그리고 케이크 자르는 칼을 내 손에 쥐어주며 여러 가지 난이도가 다른 기하학적인 문제를 해결하게 한다.

4등분, 8등분으로 자르는 것은 그리 어렵지 않다. 먼저 케이크의 중심을 찾아 중심을 통과하면서 서로 수직인 직선으로 두 번 자르면 4조각의 케이크로 나눠진다. 8조각으로 자르려면 원래의 직선을 따라 45° 각도만큼 기울여 중심을 통과하는 직선으로 다시 자르면 8등분이 된다. 이와 같은 4등분과 8등분 커팅법은 정사각형 케이크에도 그대로 적용할 수 있다.

그런데 생각해 보면 4등분, 8등분한 다음에 케이크를 쉽게 나눠 가질 수 있는 인원은 얼마일까? 답은 16명이다. 사람은 직관적으로 반을 잘 자른다. 4등분에서 다시 반을 자르면 8등분이 되기 때문에 4등분했을 때 케이크의 수는 2×2=4, 8등분했을 때의 케이크는 2×2×2=8개이다. 여기에 다시 반을 자르면 16등분 즉, 케이크는 2×2×2×2=16개이다.

2를 계속해서 곱하는 수는 '2의 거듭 제곱 꼴'로 쓸 수 있다. 인원 수가 '2의 제곱', '2의 세제곱', '2의 네제곱'이라면…이론적으로 케이크를 똑같이 나눌 수 있다. 하지만 6명 등 인원이 '2의 제곱 꼴'이 아닐 때는 어떻게 해야 할까?

생활 속에서 흔히 나타나는 케이크 커팅의 어려움을 해결하기 위해 시중에는 가장자리에 많은 홈이 있어 원형을 균등하게 나눌 수 있는 '케이크 커팅 분할기'가 판매되기도 한다. 그러니 여러분은 케이크 커팅 분할기를 케이크 위에 꽂고 칼로 홈을 따라 일직선으로 잘라내기만 하면 된다. 예를 들어 홈이 12개라면 케이크를 12조각으로 똑같이 나눌 수 있다. 홈을 사이에 두고 직선을 여섯 번 자르면 케이크는 6등분된다. 12는 1, 2, 3, 4, 6, 12로 나누어떨어지므로 이 분할기를 이용하여 케이크를 서로 다른 개수로 등분할 수도 있다.

▲ 케이크 분할기의 형태는 이와 같은 간단한 도형과 같다.

다만 아쉽게도 동그란 형태의 케이크에만 적합하다. 정사각형 케이크의 경우에는 어떤 방법이 좋을까? 정사각형 케이크를 6등분할 수 있을까? 다행히 우리에게는 가장 강력한 도구인 수학이 있어 원리를 터득하면 많은 난제를 풀 수 있다. 정사각형 케이크를 6등분하기 위해 필통 속의 자를 활용하는 것을 알려주려고 한다.

이 방법을 배우게 되면, 케이크뿐만 아니라 토스트, 송편, 파이와 같은 서로 다른 형태의 정사각형 음식도 모두 시험해 볼 수 있다!

1. 케이크, 토스트, 머핀 등 정사각형의 음식을 준비한다. 클레이로 모형을 만들어 실험할 수도 있다.

2. 케이크의 가장자리를 자로 재고 그 값에 4를 곱한 값을 둘레로 한다. 그리고 둘레를 6으로 나눈다. 한 변의 길이가 24cm라면 16cm로 확인된다.

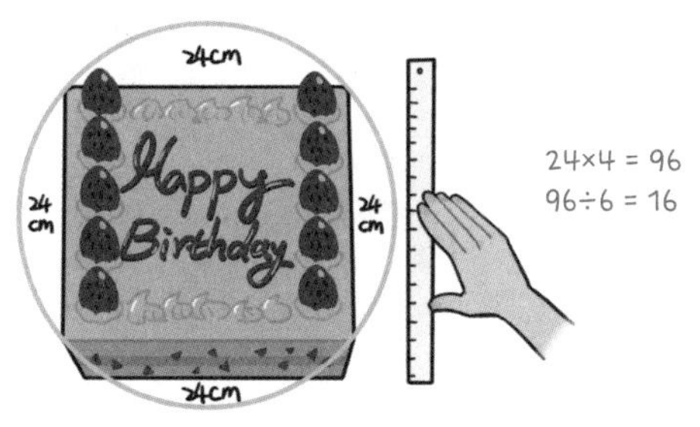

3. 정사각형 둘레에 16cm 간격마다 표시를 하면 총 6개의 표시가 생긴다.

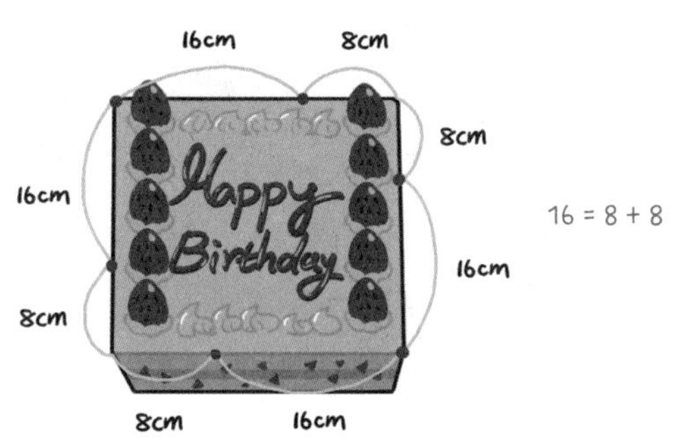

4. 우선 정사각형의 중심 즉, 케이크의 대각선이 서로 만나는 점을 찾고, 그 중심에서 표시된 각 지점으로 케이크를 잘라 총 여섯 번 칼질을 한다.

5. 그 결과 아래 그림과 같이 여섯 개의 케이크로 나뉜다.

6. 저울을 이용해 잘린 여섯 조각의 무게가 서로 같은지 비교한다.

각보다 둘레

실험 결과, 여섯 조각의 케이크 무게가 서로 비슷하게 나오는 것을 확인할 수 있다. 이는 케이크의 두께가 일정하고 여섯 조각의 밑면의 면적이 서로 같다는 뜻이다. 케이크를 5등분, 8등분 또는 10등분 등 다른 수로 나누는 실험을 반복할 수 있으며, 방법은 둘레를 5, 8 또는 10으로 나눈 다음 일정한 간격마다 기호로 표시하고 마지막에 케이크를 자르면 된다.

이 방법으로 케이크를 4등분 할 수도 있다. 실제로 정사각형 케이크의 중심에서 자르는 4개의 직선은 4개의 꼭짓점을 지나고 케이크는 4개의 동일한 삼각형으로 나누어진다는 것을 알게 될 것이다. '둘레를 등분하는 방법'은 왜 이렇게 대단할까?

앞의 내용으로 돌아가, 분명한 것은 잘려진 모양이 다르다는 것이다. 어떤 것은 삼각형, 어떤 것은 사각형인데 결과는 크기가 모두 같다! 여기서 중요한 지식은 바로 다음과 같다.

삼각형의 넓이 = 밑변의 길이×높이÷2

자른 여섯 조각의 케이크를 자세히 살펴보자. 4개의 삼각형, 2개의 사각형이다. 삼각형의 경우 밑변은 16㎝인데, 꼭짓점이 큰 케이크의 정중앙에 있기 때문에 높이는 원래 큰 케이크의 모서리 길이의 절반 즉, 24㎝의 절반인 12㎝이므로 삼각형의 넓이는 16×12÷2=96㎠이다.

사각형인 경우 넓이를 어떻게 계산할까? 하나의 사각형을 서로 같은 두 개의 삼각형으로 보는데 다음 그림과 같이 점선으로 표시하면 두 삼각형은 밑변이 모두 같으며 높이도 12이다. 따라서, 작은 삼각형의 넓이는 8×12÷2=48㎠이 된다. 두 개의 작은 삼각형을 합하면 96㎠이므로 다른 4개의 삼각형과 그 값이 같다. 우리는 수학적으로 케이크를 정확하게 6등분할 수 있다는 것을 확인하였다.

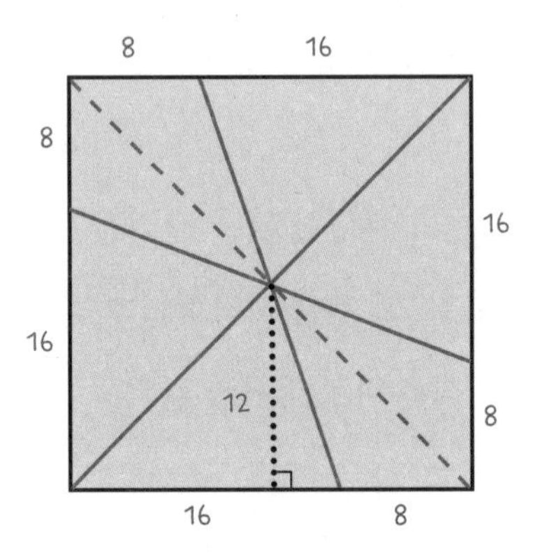

정사각형 케이크의 둘레를 똑같이 나누어 n등분하여도 삼각형 또는 사각형으로 자를 수 있으며 사각형은 다시 2개의 삼각형으로 나눌 수 있다. 모든 삼각형의 높이는 큰 케이크의 중심에서 한 변까지

의 수직 거리이다. 큰 케이크의 둘레에 일정한 간격마다 기호로 표시하는 것은 삼각형 밑변의 길이를 같게 하거나 합한 다음 그 값이 같게 하기 위해서이다. 밑변과 높이가 같으니 잘려진 조각의 넓이도 당연히 같다. 따라서, 정사각형 케이크를 무리 없이 등분할 수 있다. 마지막으로, 만약 케이크의 두께가 균일하지 않다면, 친구에게 공평하게 케이크를 자르는 것을 보장할 수 없다는 것을 꼭 알려 주어야 한다.

뻗어나가기

케이크를 삐뚤하게 잘랐다고?

케이크를 공평하게 나누고 싶은 두 사람이 있다면 어떻게 해야 둘 다 공평하다고 느낄 수 있을지 생각해 보자. 이 문제는 언뜻 보기에는 간단해 보이는데 케이크를 자르기만 하면 될 것 같지만 어떤 경우에는 케이크를 비딱하게 잘랐다고 마음에 안 들어 하는 사람이 있을 수 있다. 어떻게 분배해야 서로 만족할 수 있을까?

케이크를 자를 때 두 가지 방법이 있다. 하나는 A가 케이크를 자르는 역할을 맡고 B는 선택한다. 다른 하나는 그 반대이다. A는 B가

고를 때까지 기다려야 하고, 남은 것은 자기 몫이기 때문에 케이크를 최대한 똑같이 자르기 위해 노력할 것이므로 어느 쪽을 고르더라도 공평하다고 생각한다. B는 케이크를 먼저 고를 수 있기 때문에 A가 비뚤게 잘랐는지 의심하지 않는다. 여러 명이 케이크를 나눠 먹는 상황을 다루는 데도 이 방법이 쓰일 수 있지만, 과정이 복잡하고 많은 단계를 거쳐야 한다. 어떤 컴퓨터 과학자들은 2016년에 이론을 제시해 이 문제를 해결하기도 했다.

더 생각해 보기

직사각형 케이크라면 둘레를 등분하는 전략을 쓸 수 있을까? 아니라면 어떻게 할 수 있을까?

집중의 힘

두 번의 경험은 내가 '집중'의 가치를 제대로 체득하도록 해주었다.
집중력이 충분하면 자연스럽게 일의 능률이 높아지고,
해결하기 어려운 문제에 직면하는 상황이 줄어든다.

고등학교 3학년이 되던 해, 내 성적은 반에서 중간 정도였다. 만약 그 당시 누군가가 "1년 뒤에 넌 1지망에서 1등을 하게 될 거야. 모든 과목의 성적이 오를 거야."라고 말했다면 나는 틀림없이 그 사람이 미쳤다고 생각했을 것이다. 나는 고1, 고2 때, 공부를 열심히 하지 않아서 아무리 봐도 1지망과는 거리가 너무 멀었다.

하지만 이후 나는 해냈다. 물론 행운도 따랐겠지만, 고3 때 나는 정말 열심히 공부했을 뿐만 아니라 공부 방법과 습관도 꾸준히 연구했다.

고3 시절

당시, 나는 스스로 진도에 맞춰 복습을 충실히 했다. 낮에는 학교에서 수업을 듣고 집에 돌아오면 그날의 진도에 따라 교과서를 읽었다.

나는 매일 저녁 6시 반까지 식사를 한 후, 6시 반부터 8시까지 1과목을 읽고, 10분간 휴식하고, 8시 10분부터 9시 40분까지 1과목을 더 읽은 후, 10분간 휴식하고, 9시 50분부터 10시 반까지 1과목을 더 읽을 수 있도록 했다.

스터디 플래너를 기획할 때 나는 암기와 이해가 필요한 과목을 번갈아 가며, 복습, 학습, 시험, 검토 단계를 거쳤고, 여러 과목을 골고루 배분하였다. 학교에서 치르는 모의고사 사이에 나의 자체 모의고사를 고정시켜 철저하게 복습하였다.

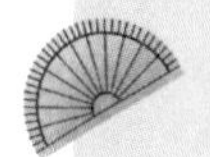

그렇게 하여 고3 때 나의 성적은 점점 향상되어 생각지도 못했던 학과에 진학하게 되었다. 좋은 학과에 합격해서가 아니라 내가 그렇게 엄격한 루틴을 지키며 일 년을 보낼 수 있었다는 것에 상당히 만족스러웠다. 이 루틴이 가져올 효과가 이렇게 클 줄은 더더욱 생각지도 못했다. 내가 처음으로 '집중'의 위력을 느낀 것이다.

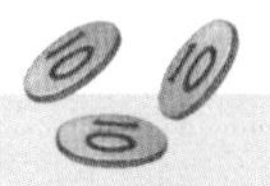

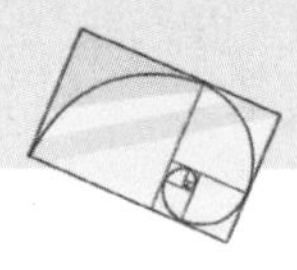

독일 유학

또 6, 7년이 지나 나는 박사 연구생 신분으로 독일에 가서 연구할 기회를 얻게 되었다. 독일로 떠나기 전, 내 마음에는 여러 가지 기대가 있었다. 풍경이 아름답고 유구한 역사를 가진 유럽에서 집을 나서면 바닥은 멋진 문양의 돌로 채워져 있고 5분이면 세계문화유산으로 지정된 아름다운 성당에 닿을 수 있다. 기차를 타고 3시간이면 프랑스 파리, 벨기에의 브뤼셀, 네덜란드 등에 갈 수 있다는 생각에 기대로 가득했다.

하지만 현실은 상상과 정반대였다. 나는 여전히 어깨가 축 늘어져 있었고 매일 실험실을 오고 가며 쉴 틈 없는 생활을 보내고 있었다. 대만에서는 때때로 친구들과 취미생활을 함께 할 수 있었지만, 독일에 와보니 환경도 익숙하지 않고 낮에는 새로운 환경에 적응해야 했고 저녁에 집에 돌아오면 저녁 먹고 청소를 잠시 하면 하루가 금세 지나갔다. 만약 휴가를 내고 여행을 떠난다면 집안일을 미리 해 놓는 등 물리적인 시간은 항상 부족했다.

독일 실험실에서 연구하는 것과 대만 실험실에서 연구하는 것, 무슨 차이가 있었을까?

예를 하나 들자면, 대만에서 대다수의 연구원은 나를 포함해 실험

실을 제2의 집처럼 사용한다. 실험실에서 연구, 사교, 휴식 등 모든 것이 이루어졌다. 하지만 독일에서는 매일 오후 6시가 되면 복도로 몰려드는 발자국 소리가 들리고, 동료들은 삼삼오오 가방을 메며 인사를 나누며 집으로 돌아간다. 근무시간은 아침 9시부터 오후 6시까지이며 휴일은 실험실에 들어가지 않는 것이 모두의 룰이며 많은 독일 사람들은 이런 관례가 습관이 되어 있었다. 그러다 보니 자연스럽게 내가 연구하는 시간이 많이 줄었지만, 내 열망은 줄어들지 않았다.

관건은 바로 집중하는 것!

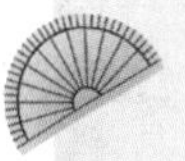

연구시간은 적었지만, 실험실에서는 모두가 연구에 몰두했다. 예를 들면, 내가 실험실에 들어간 지 얼마 되지 않아 누군가가 나를 찾아와 이야기를 나누었다. 몇 마디 하지 않았는데, 독일 친구가 나에게 와서 “실례지만, 밖에 나가서 이야기해 주시겠어요? 우리가 생각하는 데 영향을 줄 수 있어서요.”라고 말했다. 처음엔 좀 기분이 언짢고 곱지 않은 생각이 들었지만, 나중에 곰곰이 생각해 보니 내가 있는 실험실에서는 하루 종일 컴퓨터, 선풍기가 돌아가거나 키보드를 두드리는 소리만 들리는 경우가 많았다. 오랜 시간이 지나자, 나 또한 이런 환경에 익숙해져 실험실에서 연구에만 몰두할 수 있었다.

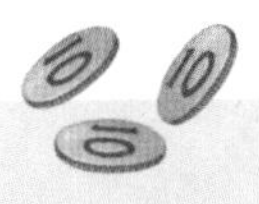

$6 \times 6 = 6+6+6+6+6+6$

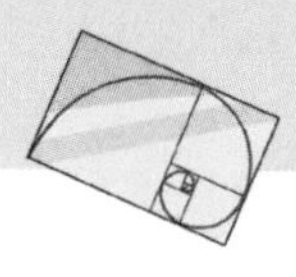

그렇게 함으로써 다시 한번 집중이 주는 효율적인 생산능력을 발휘할 수 있게 되었다.

집중, 긴 시간보다 짧은 시간에 중점

두 번의 경험에 근거하여 '집중의 가치'를 깨달았다. 집중하면 자연스럽게 일의 능률이 높아지고 문제를 해결할 가능성이 커진다. 반대로 공부를 너무 오래 끌면 오히려 몰입력이 떨어져 효율이 떨어지는 경우도 있다.

나는 고3 시절에 밤을 새워 공부 시간을 늘리지 않았다. 이런 생활에 익숙하지 않았을 뿐만 아니라 다른 한편으로는 전혀 효과가 없었기 때문에 할 필요가 없었다.

솔직히 처음에는 시도하긴 했지만 열 시 반, 열한 시까지만 열심히 공부해도 이미 에너지가 소진되어 학습에 도움이 되지 않았다. 독일에서 연구할 때도 마찬가지로 매일 6시에 퇴근하고 나면 음식을 먹거나 TV를 보는 등 연구시간을 연장하는 일은 드물었다.

책을 집중해서 두 시간 읽는 것이
세 시간 읽는 것보다 유익하다.

하지만 이런 경험들로 집중의 장점을 충분히 느껴봤다고 해서 내가 언제나 집중해야 할 때, 정말로 열중할 수 있는 것은 아니다.

집중도 연습이 필요하다

나의 경험에 비추어보면, 집중도 스스로의 습관 등 규칙이 필요하다. 우선, 어느 시점에 어떤 일을 해야 하는지에 따라 자연스러운 반사 동작으로 변화되어야 한다. 둘째는 주변 환경과 잘 어울려야 한다. 어린 시절, 여름휴가 때 거실 마루에 누워 있다가 오후 내내 조용했던 기억이 나는데, 이때 나는 아래층 소리를 들을 수 있었고 바깥에 차가 왼쪽에서 오는지 오른쪽에서 오는지도 분간할 수 있었다. 전혀 알아차릴 수 없었던 사물이 사방이 조용해지자 너무나 또렷해졌다.

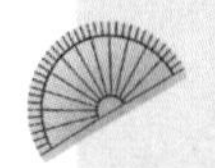

내가 독일에서 연구할 때도 같은 일이 있었다. 아주 조용한 연구실에서 나는 아침에 절반의 일을 마쳤는데 일하다가 안경에 먼지 자국이 느껴지면 그때는 안경을 씻으러 달려가 깨끗이 하고 돌아와야 일을 계속할 수 있었다.

고요하고 집중하기 좋은 환경은 마음을 가라앉힐 수 있게 해주었고, 더 나아가 안 하던 것을 발견할 수 있게 해주었다.

결국, 좋은 환경은 컨디션 조절을 돕는다. 운동 경기를 막 끝내고

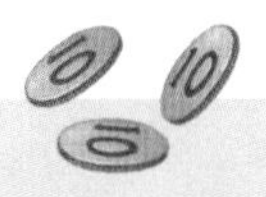

6×6=6+6+6+6+6+6

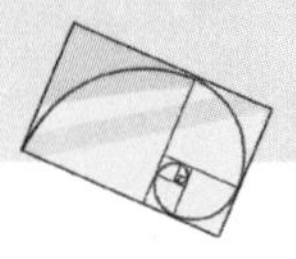

땀을 뻘뻘 흘리며 공부하러 달려간들 큰 효과를 기대하긴 어렵다. 마찬가지로 컴퓨터 게임에 한참 열중하다가 갑자기 공부해야 하는 상황도 당연히 집중하기는 힘들다. 다시 말해, 두 시간 동안 공부에만 전념하고 싶다면 정해진 시간뿐만 아니라 공부하기 전후에 어떤 일을 하는지도 중요하다.

사람마다 집중할 수 있는 시간이 다르다. 자신에게 맞는 방법을 찾고, 자신만의 습관을 세우려면 한동안 마음을 가다듬는 시간이 필요한 것이다.

이제 집중의 힘을 이해하고 자신을 위한 효과적인 공부 방법 및 생활 습관을 만들어 가보자. 이것은 바로 좋은 시작이 될 것이다.

잠깐만 집중해서
초콜릿 먹어~~
얘가 집중해서 몰래
먹을 준비하고 있어~ 야옹